宇宙使用手冊

如何在黑洞、時間悖論和量子不確定性中求生

A User's Guide to the Universe

Surviving the Perils of Black Holes, Time Paradoxes, and Quantum Uncertainty

Drexel 大學物理系教授

戴維‧郭德堡 Dave Goldberg

傑夫‧布朗奇斯 Jeff Blomquist ◎著

許晉福◎譯

序

「所以，你是做什麼的？」

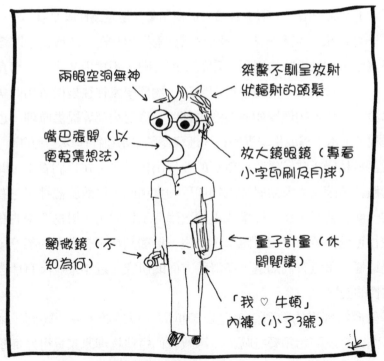

兩眼空洞無神

桀驁不馴呈放射
狀輻射的頭髮

嘴巴張開（以
便蒐集想法）

放大鏡眼鏡（專看
小字印刷及月球）

顯微鏡（不
知為何）

量子計量（休
閒閱讀）

「我 ♡ 牛頓」
內褲（小了3號）

典型的科學家

物理學家的生活，可能是很孤獨的。

想像一下：有一天，你搭上飛機，旁邊的乘客問你是做什麼的。你回答你是物理學家。接下來，你們倆的對話可能有兩種發展走向，但是十次有九次，對方所說的第一句話大概都會是：「物理？我唸書時最痛恨那門課了！」

於是，接下來的旅程（或者趴踢、搭電梯、約會），你只好不斷向對方為物理學帶來的心理創傷而道歉。在諸如此類的萍水相逢裡，我們經常看到許多人表現出幾乎是洋洋得意的態度，這似乎是物理學和數學領域特有的現象。他們儘管嘴巴上說：「喔，我代數很不行！」口氣聽起來卻像是在炫耀；可是，要是一個人說：「我幾乎大字不識一個。」卻不會給人這種印象。這是為什麼？

一直以來，大家對於物理學都有個錯誤印象，以為這是門艱澀不實用、枯燥乏味的學科。艱澀？或許吧，不實用？才怪。事實上，在向一般大眾「推銷」物理學時，物理學家往往是從實用的角度出發。譬如，物理學如何為造橋鋪路、發射火箭等提供原理，也就是說，土木工程或化學等學科，最終還是奠基在物理學之上的。

至於枯燥乏味，這我們就真的要提出抗議了。在我們看來，問題的癥結是因為大家太過強調物理學的實用面，以致於犧牲了它有趣的一面。甚至，連工程學或電腦科學的工科學生，對物理學的認識往往也僅止於力學和電磁學，並沒有接觸到真正有意思的部分，真是遺憾，畢竟我們知道，在滑輪方面的研究，近年來並沒有什麼突破性的發展。

對於物理學的敵意似乎已根深柢固，以致於大家一聽到「物理」兩個字就開始頻頻打呵欠，導致我們這些物理學家覺得好像學物理就像在逼人吃青菜，必須強調「物理學有多麼重要」，而絕少

以「物理學很有趣」來作為討論物理的開場白，結果反倒把物理學有趣的部分全都給抹煞了。

在這個科技日新月異的時代，科學素養應該是基本要求。不過，這不代表你需要多唸四年大學理組才能理解物理，也不需要深入鑽研物理學才能鑑賞量子計量或宇宙學的劃時代演變。重點是，我們要了解這些科學發展**為什麼**重要，以及它們將如何改變人類的科技與生活。

物理學並不只是要人們去了解特定理論，它是一門典型的歸納科學，一旦了解科學的發展過程，人們就比較有能力針對全球暖化或智慧設計（intelligent design）「理論」等議題做出合理的決策。我們希望，未來，當有人與你持反對意見時，你可以拿出具體事實來否定對方的看法，而不只是一味地說「不」。

說到數理教育，美國正面臨嚴重的問題；相較於許多已開發國家，美國高中生的數理成績遠遠落後於平均值。當然，這個問題不能**單**只怪罪到學生、老師，甚至「沒有孩子落後」（No Child Left Behind）等計畫上頭。

但這是個影響深遠的問題，影響範圍涉及各個層面，這問題似乎在學生身上特別**明顯**，不過這是必然的，因為我們不會找個五十歲的中年人來問這種乍看像是科學的問題：「如果你有十隻雞，吃掉五隻，請問你體內的膽固醇會增加多少？」如今再看看這些所謂的應用題，不禁覺得應用數學這門學問的前提實在荒謬可笑。相信許多人在小的時候都曾經納悶過：「代數這東西我什麼時候才用得著？」於是他們假設，學習代數只有一個用處，就是拿到好成績。

數學家約翰‧亞倫‧包洛斯（John Allen Paulos）曾經在一系列精彩著作中探討「數盲」（innumeracy）現象，也寫過一系列生動文

章，是一般學生們所不常接觸的主題，想要幫助讀者培養關於數字的批判思考能力，並設法證明（我們認為這方面的努力很成功）除了具備如何計算帳單以及支票簿收支平衡等實用價值，其實數學本身更為有趣精彩。

物理學也一樣具有實用性與突破性的兩種截然不同面向，關於這一點，相信大家都有經驗。雖然以力學為主題的艱澀物理課程，會讓人們對物理學敬而遠之，但科幻小說或是某物理重大發現的報導，以及哈伯太空望遠鏡（Hubble Space Telescope）所拍攝到的最新照片，卻會吸引人們重新對物理學產生興趣。

然而，在這類報導中，卻往往不會出現斜面科技（inclined plane technology）的最新突破。

會使一般大眾感到興奮的物理學主題，往往跟宇宙、大型強子對撞機（Large Hadron Collider）等大型實驗或外星生物有關。前面說過，十次有九次，我們要是在機場或雞尾酒派對上討論物理，最後往往要不到女生的電話號碼，只能一個人孤伶伶地坐計程車回家。但好事偶爾還是會發生，有時候，如果走運，我們甚至會有真正的**對話**而不是**對質**，譬如旁邊坐著的人，可能高中時遇到了不錯的物理老師，或有叔叔在美國太空總署工作，又或者本人就是工程師，他們覺得我們的工作不過有點「古怪」。

如果碰到的是這些人，我們的對話內容往往會變得非常不同。每隔一陣子，我們就會碰到一些人，他們對宇宙如何運作已經存疑了一段時間，只是不曉得該在維基百科（Wikipedia）上輸入什麼關鍵字來搜尋。美國公共電視的科學新知《NOVA》特別節目或許只暗示了某個主題，但他們會想要知道更多。近來一些較熱門的話題包括：

- 聽說，大型強子對撞機會創造出一些迷你黑洞，足以毀滅宇宙，這是真的嗎？（如果有人相信的話，這個問題證明了物理學者其實是瘋狂科學家，最愛做的事就是毀滅地球。）
- 時光旅行有可能辦到嗎？
- 除了這個宇宙，還有其他平行宇宙存在嗎？
- 假如宇宙正在擴張，那它會擴張成什麼？
- 如果一邊以光速前進，一邊照鏡子，會發生什麼事？

　　我們自己一開始也是因為這類問題而對物理學產生興趣的，甚至上面最後一個問題還是愛因斯坦本人所提出的，而這也是他發展狹義相對論（special relativity）的主要動機之一。換句話說，儘管少之又少，但當我們跟別人談起我們的工作時，偶而也會發現有些人對物理學著迷的原因竟跟我們一模一樣。

　　想要讓物理學變得更可親，最顯而易見的作法是，透過現有的數理教材來教導學生。為了達成這個目的，許多教科書作者都在封面上放上幾張火山、火車頭或閃電的照片[1]，他們相信如此一來就可以使學生在看到書時興奮地大喊：「好酷喔！原來物理學這麼活潑生動！」但經驗告訴我們，學生並不會輕易受騙上當。如果他們真的感興趣，就會打開書尋找「如何自己製造閃電」的章節，不過即使如此，他們也會因為找不到而大失所望。

　　所以，我們在這裡希望傳達給各位的是，我們在此書中不會這麼做，你將看不到任何酷炫的圖片，也沒有任何可能增加印刷成本的東西。（不過至少作者之一指出，書裡有的插圖都充滿了睿智的豐富學識。）相反的，本書的編排僅僅基於一個單純的理念：物理學本身就是有趣的。真的！要是各位需要更進一步的說服，我們在此鄭重宣布，本書每一章都至少都會有五個冷笑話（包括無病呻

吟、雙關語和俏皮的漫畫），帶給你適合全家老少的幽默，在此茲舉一例：

問：光子（photon）在球場裡做什麼？

答：製造光波！（light wave另意指加油的波浪舞。）

一如這個例子所示，本書的每一章都有一幅漫畫開場，帶著一則不怎麼好笑的雙關語和一個關於宇宙如何運作的問題，然後我們會引導各位踏上一段物理學之旅，去解答這個開場的問題，到了章末，我們希望你的謎團會慢慢解開，於是等各位再回去翻章頭時，就會領略到有麼好笑。不過，這個方式可能稍嫌迂迴扭曲，一如各位對科學家的期待。

這並不是說，各位必須深諳物理學才能了解我們的笑點，恰恰相反。我們所希望的讀者，既不是那些已經體認到物理原則有多麼偉大，也不是那些寧願吞湯匙噎死、也不願意死在量角器百尺之內，而是介於這兩個極端的中立人士。

本書沒有方程式，許多科普作家是用譬喻來解釋問題，但這麼做讀者在閱讀時難以領略當下所讀到的文字究竟是分析描述還是文學譬喻。本書不放數學，所以很清楚的，一些物理學要素就會消失不見。儘管如此，我們在本書想傳達的是，即使不知道相關方程式，各位對於物理問題也應該要**如何思考**。換句話說，只要讀者明白我們想傳達的重點，剩下來的數學不過只是運算而已。

聽我們這麼說，你或許會想問：**你們兩位呆頭學者究竟對於讀者們有什麼想法？**老實說，我們沒有任何預設立場。書中提出的每一樣證據，都是奠基於基本原理，我們無意用繁複的數學運算或方

程式來恐嚇大家。這樣好了，在此我們乾脆把這本書中唯一的方程式寫出來：

$$E=mc^2$$

是的，就是它，你沒有被嚇壞吧？

註解

1 有一本幽默的力學教科書，封面用的是保齡球的撞擊畫面，因此誤導人們以為這是一本保齡球教科書。

010111010001010101000100
010101000100

CONTENTS

狹義相對論

「如果一邊以光速前進，一邊照鏡子，會發生什麼事？」

在警察局。光子正接受拷問。

　　每個人的高中經驗大概都差不多，班上總是有幾位「酷」學生，老愛挑弄身邊的每樣人事物。所以，我們總是愛把自己想像成是「愛物理的酷學生」——最好是真有這種學生啦。舉個例子給大家，在前面的序言裡，我們雖然嘲弄那些為了「使物理學活潑生動」，只好以劇烈天災、體育競賽或超級大腳卡車來舉例說明的教科書作者。我們不是在放馬後炮，但老實說，有些古怪的例子確實有一點存在價值。

　　所以，在我們內心深處深深明白，如果想要物理學派對熱烈展開，事先放點煙火是必須的。如果各位曾經觀賞過國慶晚會的煙火秀，裡面也有一點物理知識，想必各位應該有注意到，在煙火釋放時，美麗的火光和爆炸聲響有時間落差，火光總是比聲響早了幾秒。同樣地，要是你曾經在音樂廳後面幾排聆賞音樂會，可能也有過類似的經驗，會發現自己在視覺和聽覺上有時間差。這是因為聲音雖然移動得很快，但光跑得更快。

　　一六三八年，一個酷小子——比薩的伽利略（Galileo），他為了測量光速設計了一個實驗：他手提油燈爬到山上，他的助手則提著另一盞燈到遠方的一座山上，彼此打信號。看到助手開燈，伽利略便照做，看到助手關燈，伽利略再次照做，如此重複不已。之後，兩人把距離拉長，反覆操作，於是測量出光的速度。老實說，這項實驗並不精確，但伽利略的勇於嘗試才是難能可貴之處，何況，他還因此歸納出一個有趣的結論。

　　光的速度，就算不是無限大，也是極快。

　　接下來幾個世紀，物理學家們設計出更精確的實驗，但因為方式太過繁複，在此就不讓你煩心了。大家只要知道：日積月累下來，科學家想測量出光速的心意是愈來愈堅定。

伽利略想出個絕佳好辦法，可
以從不喜歡的約會中脫身。

　　到了今天，科學家測量出的光速是每秒299,792,458公尺。由於
位數太多，我們將之稱為 c，也就是拉丁文 *celeritas* 的縮寫，意為
「迅速」。這樣的天文數字，可不是拿根尺或煮蛋計時器就能夠測
量出來。要如此精確地測量 c，必須用為動力來源是銫133原子的
原子鐘來測量。根據科學協會定義，一秒鐘，是銫133在「超精細
躍遷」（hyperfine transition）時所放射出的光頻率，乘上**精確**數字
9,192,631,770。這聽起來好像累贅而不必要，而且讓人困惑，但其
實大大簡化了許多事[1]。因為如此一來，「秒」就跟你帽子的尺寸一
樣，成了可以定義的具體事物。由於許多物理學家都懂得製造銫原

子鐘，而銫原子鐘的運作也完全一致，所以每個人的時間也就都一致了。

科學家發明了很有創意的方式來定義秒，可是這對於定義光速有何幫助？所謂速度，就是**距離除以時間**，例如每小時幾公里等等，因此，秒的定義確立之後，接下來只剩一件事情要做，就是決定公尺的長度。這聽起來不是廢話嗎？一公尺的長度就是一公尺啊！拿把米尺來量不就得了！問題是，一公尺究竟有多長呢？

在一八八九到一九八三年期間，一個人如果想知道自己的身高，就得到法國賽弗爾（Sèvres）國際度量衡局（International Bureau of Weights and Measures）去一趟，借用他們的白金米尺才能測量。這樣做不但麻煩，還可能違法（必須事先申請），而且結果往往不怎麼精確。因為，大多數的材料遇熱時都會膨脹，包括白金在內。也就是說，在舊的度量衡標準下，一公尺的長度，在天氣熱的時候，會比天氣冷的時候稍微多出一點點。

因此，與其使用真正的米尺，倒不如使用可以測量秒的時鐘來**定義**，於是變成：一公尺等於光一秒鐘所行經距離的299,792,458分之一。兩相比較下，我們可以說：「我們已經**準確**知道光的速度，對於公尺的長度反而不太確定。」如此嚴謹的工作，為的是要將秒和公尺予以規格標準化，這樣每個人所使用的度量衡系統便完全一致。

不過請記住，上述討論中最重要的一點是，光的行進速度並非無限。如果這一點還不足以讓你感到訝異，讓我再投給你一個哲學上的震撼彈；既然光速是有限的，這便意味著，我們永遠在凝視過去。例如，你在閱讀本書時，儘管書本距離你只有一呎之遙，但你看到的其實是幾十億分之一秒前的事物。太陽發射出的光線需時約

八分鐘才會到達地球，因此，就算太陽在五分鐘前已經燃燒殆盡，我們此刻仍無法得知[2]。當我們遙望著銀河系裡的星星時，這些星星所發射出的光，可能歷經了數百年或數千年才來到地球，因此其中有些星星很可能已經從宇宙中消失不見。

✾ 為何我們無法得知船在迷霧中的行進速度？

截至目前為止，任何實驗都沒有產生速度比光還快的粒子[3]。即使我們想要刷新宇宙的速限，似乎也永遠無法如願。而光的恆定速度，正是物理學上有史以來最美味菜餡的食材之一。關於此時此「秒」，我們需要想一想，究竟何謂運動？

為此，我們要向各位介紹一位穿著打扮看起來很像流浪漢的物理學家羅斯汀（Rusty），由於社會對於衛生的標準，因此我等如他的穿著都會遭到排斥。儘管如此，他還是從國際度量衡局「借」來白金米尺（雖然白金米尺並不完美，但以物理學家的流浪漢穿著標準而言還算**不賴**），並用手中的一些銫原子製造了一座原子鐘。

羅斯汀每天都會把他的包袱在火車車廂與車廂間丟來丟去，每丟一次就測一次所丟的距離，以及所費的時間。由於速度等於距離除以時間（如每小時幾公里），因此羅斯汀能夠相當準確地測量出包袱的行進速度。

有一天，羅斯汀大概丟累睡著了。由於車廂裡只有他一個人，當他醒來時，因為車廂沒有窗戶，而鐵軌又相當平穩，因此他推開窗戶一看，發現火車正在移動，嚇了一跳，頓時失去了方向感。類似的情形，各位或許也曾體驗過，在你坐車時，有時候如果不往窗外看，就不知道車子到底有沒有在動。

　　不過，你可能沒注意一件事；如果你正處於赤道上，其實你正以每小時一千英哩的速度在繞著地心運行。不僅如此，我們的地球也在繞著太陽運行，而且速度更快，每小時大約六萬八千英哩。此外，太陽則以將近每小時五十萬英哩的速度繞著銀河系中心運行，而銀河系則又以每小時逾一百萬英哩的速度穿梭太空。

　　說了這麼多，重點來了。不管火車、地球、太陽或銀河系的運行速度有多快，只要是是平穩地運行，你都不會注意到運行這件事（羅斯汀就是這樣）。

　　上述論證，正是伽利略拿來辯護其地球繞日學說的依據。當時人們多半假設，要是地球真的繞著太陽飛行，人類一定會感覺得到，所以地球應該是靜止不動的。

　　但伽利略說：「胡扯！」儘管身邊沒有一群流浪漢或火車來驗證他的說法，但伽利略舉出另一個比喻，那就是，運行中的地球，相當於行駛在平靜大海上的船。在這種情況下，水手無法得知自己的船究竟正在運行還是靜止不動。這個原則後來被稱為「伽利略相對論」（Galilean relativity，請勿與愛因斯坦的狹義相對論搞混，後者我們待會兒會介紹）。

　　根據伽利略的看法（還有牛頓跟終極的愛因斯坦），在平穩前進火車上所做的實驗，與火車靜止時所做的實驗，兩者的結果並不會有所不同。各位不妨回想一下，小時候全家人一起開車出遊時，你在車子裡和弟弟拿芥末醬包互相扔來扔去，爸媽警告說：「別鬧了！再鬧我們馬上掉頭回家！」儘管車子正以時速六十英哩或更快的速度前進，但你在行進的車裡丟芥末醬包，其實與車子靜止時感覺一樣。無論你喜不喜歡，這件討厭的事不過只是一個簡單的物理實驗。然而，唯有當車子、汽車、行星或銀河系的速度和方向維持

不變（或非常非常接近），上述說法才能成立。畢竟，要是你的父母真的說到做到，猛踩煞車，你一定會感覺到的。

好，回到正題。當流浪漢羅斯汀睡了一頓好覺醒來，打算繼續做他的丟包袱實驗，他或許沒有意識到，火車正以時速約十五英哩的速度穩定地前進著。於是他好整以暇地走到車廂尾端，丟擲包袱，然後計算出測量結果：每小時五英哩。結果，另一位同樣穿著打扮的物理學家派屈斯（Patches），這時候正在外面站著看移動中的火車，他決定也要參一腳。透過特製的流浪牌X光透視鏡，他可以看穿火車的車身，測量出羅斯汀手中投出包袱的行進速度。派屈斯從火車外看過去，包袱是以二十英哩的時速在移動。（火車的時速十五英哩，加上包袱本身的時速五英哩。）

包袱的移動速度究竟是五英哩還是二十英哩？究竟哪一個才正確？答案是兩個都對。更精確的說法是：**相對於羅斯汀**，包袱是以五英哩的時速移動；**相對於派屈斯**，包袱則是以二十英哩的時速移動。

假設，火車上配備有一部高科技雷射槍（雷射由光組成，因此行進速度等於 c），羅斯汀在車廂的一端操縱著這部雷射槍，在車廂的另一端則有一罐打開的豆子罐頭。要是羅斯汀將雷射槍打開一下下（當然是為了煮熟豆子），再測量豆子開始加熱的時間，他就可以計算出雷射光的速度，並發現速度等於 c。

那派屈斯呢？假設他也要測量雷射光脈衝抵達豆子罐頭所需的時間。然而，對他而言，雷射光行經的距離較短，所以測量到的光脈衝速度應該比 c 快。的確，依據常理判斷，他測量到的時速應該是 c 加時速15英哩。前面說過，愛因斯坦假設光的速度是固定的常數，不管誰來觀察都一樣，可是，在上述計算中，雷射光的速度居然不

是常數，這怎麼可能！偉大的愛因斯坦怎麼可能出錯？[4]

　　不會吧！這本書才寫到第22頁就已經打破物理定律了？除了在派對裡跟女主人「撞衫」，還有什麼比這更叫人難為情的事？看來我們搞砸了。要是有哪個厲害的科學家能伸出援手，舉出具體的例子證明光速的確是常數，那該有多好！

　　沒錯，剛好就有這位科學家存在，名字叫艾伯特・邁克生

B(mc²)ANS

（Albert Michelson），他對光的強烈愛好，今日只能用「執著」或「不健康」來加以形容。邁克生的科學生涯始於一八八一年，他當時剛離開海軍，決心投身研究科學。有段時間他一直獨立從事研究，先後在德國柏林、波茨坦和加拿大做過實驗，後來，他和遇見的愛德華・莫立（Edward Morley）攜手合作，製造出更精準的光速測量儀器，最後總算拔得頭籌，就像流行歌曲「惡水上的大橋」（Bridge Over Troubled Water）一樣，在排行榜上蟬聯了六週冠軍。

　　邁克生和莫立所設計的儀器，建立在這個前提之上：既然地球每年繞行太陽一次，因此相對於太陽，在每年不同的時間點，他們實驗室的行進速度和方向也會有所不同。為了測量光在以不同的

方向行進時，速度是否也會有所差異，邁克生設計出了一部干涉儀（interferometer）。各位的直覺可能告訴你，地球朝太陽前進移動時的速度，應該跟背對太陽遠離時移動的速度不同。

你的直覺錯了。經過一次又一次的實驗，邁克生和莫立兩人發現，無論光的行進方向為何，他們在每個地方所測到的光速都是一樣的。

在一八八七年，這樣的實驗結果導致了一個世紀大謎題，因為它大大違反常識，而且這個結果只在光成立。想想看，要是你騎著一部腳踏車，有一頭憤怒的公牛正朝著你的方向衝過去，此刻你的方向是朝著公牛還是背對公牛，對你而言絕對有天壤之別。但光卻不同；不管你是朝光源前進還是遠離，光的速度始終是 c。

再講明白一點，如果我們拿雷射筆朝某個高科技測量儀器發射，你測量到的光子速度約為每秒3億公尺。但若你駕駛一艘玻璃太空船，以光速一半的速度（即每秒1億5千萬公尺）背對雷射光的方向前進，此時打開雷射筆令雷射光束穿透太空船，然後抵達測量儀器，結果，你測量到的雷射速度仍然會等於光速。

這怎麼可能？

要了解這一點，我們必須進一步認識物理學上的一位大人物，也就是全世界如光一般「輕」的輕量級冠軍，愛因斯坦。

※ 如果跟著雷射光一起跑，雷射光的速度會有多快？

一九〇五年，愛因斯坦首次提出狹義相對論，他提出了兩個很簡單的假設：

一、跟伽利略一樣，他假定：當我們以一定的速度和方向移動時，不管做什麼實驗，結果都跟我們在靜止時做同樣實驗的結果一模一樣。

（嚴格來說並非如此。我們的律師提醒我們必須指出，還有重力會造成加速度，但狹義相對論只在沒有加速度的情況下才成立，因此有物理學家考慮了重力的因素之後，將相關數值予以修正，不過，在這個例子裡，這些修正都可以安心地忽略，因為相較於地球重力的修正，如果是發生在黑洞邊緣，那個修正才厲害。）

二、跟牛頓不同的是，愛因斯坦推論，光在太空中的速度，任何觀察者所測量的值都相同，無論觀察者是否在移動。

在流浪漢教授的例子裡，羅斯汀如何計算出包袱的速度？就是將包袱移動的距離除以所花的時間。而派屈斯則坐在鐵軌旁，看著火車和包袱從眼前快速經過，於是，在相同的時間內，他看到包袱走了更長的距離（通過車廂以及車廂經過的地面），也就是說，他看到的包袱比羅斯汀看到的包袱移動得更快。

要是將包袱換成雷射筆呢？如果愛因斯坦是對的（其實早在將近二十年前，邁克生和莫立的實驗已經證明愛因斯坦是對的），那麼羅斯汀和派屈斯所測量到的雷射速度應該一模一樣，**都是 c**。

大多數物理學家都毫不遲疑地相信 c 是常數，總體來說，光速

具有相當的方便性。物理學家廣泛利用光在某段時間中所走的距離來表達距離，例如「光秒」約為18萬6千英哩，約為地球和月亮間距離的一半。當然，光線走一秒的距離就是一光秒。而天文學家，則較常使用「光年」這個單位，大約為六兆英哩，是與太陽系最近恆星距離的四分之一。

現在我們把前面的流浪物理學家弄得再詭異一點，給這位物理學家一列星際快車好了。這列火車只有一個車廂，且長度為一光秒，羅斯汀有一輩子都用不盡的伸懶腰和打瞌睡空間，而且還有完善的空間可以讓他進行雷射實驗。於是，羅斯汀從車廂尾端發射雷射光，計算雷射光穿越車廂所花的時間為一秒鐘。這個結果是必然的，因為光是以光速行進（廢話）。

但派屈斯看到光線在移動的快車上行進，他說（而且很正確），當雷射光前進時，火車也在前進，因此雷射光所走的距離比羅斯汀所測量的距離還要長；根據派屈斯的計算，雷射光從車廂尾到車廂頭總共花了1.5光秒。既然光是以光速前進，因此派屈斯會發現，雷射光脈衝總共花了1.5秒的時間從雷射槍抵達目標。

再說得清楚一點。羅斯汀說這整個事件（光脈衝從雷射槍抵達目標）總共花了 1 秒鐘的時間，但根據派屈斯的觀點，同樣的事件卻花了較長的時間。這兩個人都各自擁有完美的計時器，而且計時器是從同一間「不修邊幅物理學家倉庫」所製造出來的，而且兩者的測量工作也都無懈可擊。那麼，究竟誰對誰錯？

兩個人都對[5]。

真的，真的。由於光速對羅斯汀和派屈斯是相同的，所以派屈斯**一定**必須解釋，究竟是他的計時器走得比較快，還是羅斯汀的計時器走得比較慢。很詭異的是，這個說法確實成立：在羅斯汀的車

廂裡，所有東西的行進速度都變慢了，不管是老爺鐘的鐘擺變慢，牆上的時鐘滴答，甚至連羅斯汀的老心臟（如果有心跳測量器就可以聽到）的確都比平常要走得慢。

　　一般而言，這件事是真的。每當有人從你身邊飆車而過，他們的時鐘確實是走得比你的慢一點，只不過你沒有一個計時器可以精

確到來證明這件事。當你抬頭看到一架飛機以時速六百英哩的速度從天空飛過，要是你擁有千里眼，能看見機長的手錶，你會發現他的錶走得比你的慢，大約是慢了十兆分之一秒！換言之，要是這位機長將這架飛機開上整整一百年，一百年後，他的壽命將延緩老化近整整一秒。這種情形，在物理學上稱作時間膨脹（time dilation）效應，儘管它始終存在，但由於極不顯著，你從不會在日常生活中注意到這件事。

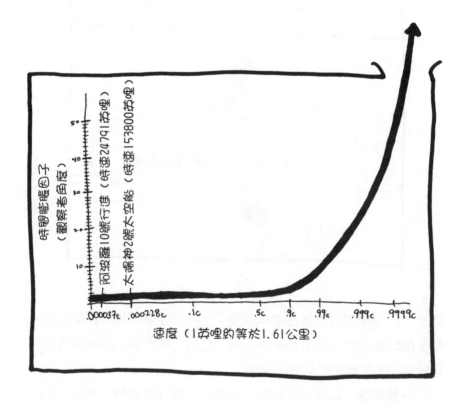

　　唯有在行進速度接近光速時，時間膨脹效應才會變得顯著。由於相關方程式過於複雜，在此我們就不贅述，所以請各位相信我們的計算是正確無誤的。若火車以光速一半的速度前進，羅斯汀的一秒，將等於派屈斯的一點一五秒；若以光速百分之九十的速度前進，羅斯汀的一秒，將等於派屈斯的二點三秒；若以光速百分之九十九的速度前進，羅斯汀的一秒，將等於派屈斯的七秒。總之，速度愈接近 c，兩者間的比例差距就會愈懸殊[6]。若是火車的速度等於 c，時間膨脹效應將變得無限大，不過我們要指出第一個提示，實際上人類不可能以光速前進。

　　不僅時間如此，空間也如此。請各位想像一下，要是羅斯汀的火車以接近光速前往某火車轉運站，而派屈斯正好想在該轉運站打個盹，由於羅斯汀所花的時間估計會比派屈斯少，而火車抵達該站的速度，這兩個人異口同聲表示一致，因此，火車抵達轉運站所走的距離，對羅斯汀而言一定比較短。

　　時間與空間，事實上是相對的——相對於你的運動狀態。這不是視錯覺（optical illusion），也不是心理印記，而是宇宙的實際運作方式。

✽ 要是搭乘太空船以接近光速出發，回來時會遇上什麼駭人的事？

　　以上所說，似乎只是因為一個模糊的問題而浪費了不少討論時間，但科學家事實上已經廣泛運用這種現象來發明了一些方法，以進行許多更有趣的研究。舉例來說，關於宇宙的粒子，其中一個著名的例子就是謙虛的緲子（muon）。什麼？你沒聽說過緲子！不

怪你，知道的人畢竟不多。但要是你有顆緲子的話，請珍惜你們之間的相處時光，因為，平均而言，緲子的存在時間只有約百萬分之一秒（也就是光線行進大約半英哩所花的時間，或香草冰淇淋的壽命），之後就會衰變成完全不同的物質。

由於緲子從形成到死亡，時間並不是很長，所以世界上並沒有很多緲子。緲子的形成是由於宇宙射線（cosmic ray）射到地球最上方的大氣層時，會撞擊產生一種叫派子（pion）的粒子，接著派子再衰變成緲子（派子比緲子還要短命）。所有的這些，都發生在距離地表約十英哩的高空，由於宇宙中沒有一樣東西速度比光還快，因此你可能認為，就算是最厲害的緲子，也會因為走半英哩就衰變，所以沒有一粒緲子能抵達地表。

再一次地，你的直覺錯了[7]。由於緲子具備極大的能量，因此許多緲子的行進速度都相當於光速的百分之九十九點九九九，也就是說，對居住在地表的我們而言，這些緲子內部的「時鐘」，也就是那些告訴它們何時該開始衰變的東西，其運作速度比我們的時鐘慢了兩百倍左右，因此，實際上，緲子並非走半英哩就開始衰變，而是走大約一百英哩才開始衰變，因此可以輕鬆抵達地表。

為了讓各位更了解這個道理，我們不妨來看看「孿生子弔詭」（twin paradox）的例子。有一對孿生姊妹，今年三十歲，分別名叫愛蜜麗和邦妮。有一天，愛蜜麗決定要到遙遠的外太空某恆星系去玩，於是跳上太空船，以光速百分之九十九的速度出發了。一年後，她開始覺得孤單和無聊，於是決定回家，速度同樣以光速的百分之九十九行進。

然而，從邦妮的位置來看，愛蜜麗的鐘錶、心跳和太空船上所有的一切，在這段來回地球的時間中都變慢了。因此，她這趟出遊

不是花了兩年，而是十四年！沒錯，不管從什麼角度看，事實都是如此。也就是說，愛蜜麗回地球時是三十二歲，但邦妮卻是四十四歲。所以，各位可以想像，若搭乘時光機以接近光速前進，大約會是個什麼光景——不過，時光機只能往前走，不能往後走。

不僅如此，上述現象還會造成其他更細微的效應。例如，從邦妮的角度看，由於愛蜜麗是以接近光的速度，駕駛太空船離開地球七年，因此在她將太空船掉頭往回走以前，應該已走了七光年的距離。也就是說，她應該能到達最接近我們太陽的第五顆恆星，伍爾夫359星（Wolf 359）。可是，從愛蜜麗的角度看，她知道自己不可能走得比光還快，因此在駕駛太空船離開地球一年後，她會說自己走了一光年的百分之九十九。換言之，她在旅程中所測量到的太陽和伍爾夫359星之間的距離，應該只有一光年左右。

這在物理學上稱為「長度收縮」（length contraction）效應。和時間膨脹效應一樣，這個效應也不是視錯覺。當愛蜜麗以光速百分之九十九的速度行進時，她所測量到的每一樣東西，都會沿著她的移動方向縮小為七分之一。於是，她看到的地球就會擠得扁扁的，而邦妮則變得像竹竿一樣，但高度和厚度則不變。

長度收縮效應和時間膨脹效應一樣，在日常生活裡都很難觀察到。譬如，我們前面那位機長如果從飛機上往下看，地面上的街道雖然會變得比平常更窄，但變窄的效應其實看不出來，因為，就算飛機以六百英哩的時速高速行駛，兩者之間造成的差異也不過相當於原子尺寸的百分之零點零四。因此儘管用相對論可以解釋某些奇怪但有趣的高速現象，但當作健康飲食與運動的藉口就不是那麼有說服力了。

時間膨脹效應與長度收縮效應，其發生**應該**是對稱的，也就是

032

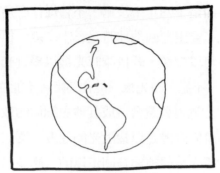

地球：正常情況

地球：如果你覺得這張圖中的地球
不是圓形，表示你速度太快了。

說，不管是從愛蜜麗的角度看邦妮，或是從邦妮的角度看愛蜜麗，
這兩種現象應該都觀察得到。但弔詭的地方就在這裡。當愛蜜麗從
伍爾夫359星回到地球，踏出太空船時，每個人應該都會一致同意
愛蜜麗只有老了兩歲，而在同樣的時間內，邦妮卻老了十四歲。這
一點很明顯地與我們剛剛所說的自相矛盾。我們才提出的第一個規
則說：你無法得知誰在移動，誰又處於靜止狀態。可是，在這個例
子裡，我們清楚得很，移動的是愛蜜麗而非邦妮。這問題要如何解
決？

不難解決。我們在前面曾經給過一個規則，運動的速度和方向必須保持一定，狹義相對論才會成立，顯然地，愛蜜麗的移動速度和方向並沒有保持一定：在離開地球時，她必須將太空船加速（此時她會強烈感受到加速度的巨大力量），在抵達伍爾夫359星之後，她必須減速然後掉頭，接近地球時再度減速，然後降落。

由於上述例子存在了加速度，條件自然不符合，因此要解釋宇宙的萬有，必須要有一套更複雜的理論才行。現在我們加入一些歷史成份，愛因斯坦提出狹義相對論（不考慮加速度）的時間在一九〇五年，之後一直到一九一六年才完全闡述廣義相對論（將重力與其他形式的加速度都考慮進來）。

✳ 我們可以光速前進，並一邊照鏡子嗎？

上述的討論，好像遠遠偏離了我們原先提出的問題「是否可以光速前進，並一邊照鏡子？」，真可惜，因為這是個好問題，事實上，這正是愛因斯坦當年問自己的問題。現在，各位可能覺得，我們並不比閱讀本書之前更明白該如何回答這個問題。

恰好相反！

這問題的答案，事實上可分成兩部分。第一個部分，各位應該已經曉得該怎麼回答了。回想一下火車上的老羅斯汀。假設羅斯汀的火車是以光速百分之九十的速度在移動著（或任何你喜歡的速度），但為了和某位名叫麗兒（Hambone Lil）的女士約會，羅斯汀此刻正忙著梳理頭髮。當他看著自己鏡中俊俏的倒影時，會不會發現任何奇怪之處？不會。由於車廂沒有窗戶，火車又是平滑地在一直線上移動，因此在沒有任何事物對照下，他無法分辨自己此刻

正在移動還是靜止不動。只要鏡子和羅斯汀一起移動，鏡中影像就與他不搭火車時一模一樣。

　　只要羅斯汀的移動速度比光慢，上述論證就沒有問題，但要是他以光速移動呢？好好好，我們知道，剛才說過宇宙中沒有任何東西可以以光速運動，但你是否可能流於只拘泥於字面上的意義？為什麼？

　　我們可以舉例說明。假設派屈斯嫉妒羅斯汀的異性緣，決定在羅斯汀梳裝打扮時監視他的一舉一動。當然，由於火車的速度高達光速百分之九十，派屈斯必須觀察得很仔細。沒想到，羅斯汀接到麗兒打來的電話，說要取消約會。沮喪之餘，他氣急敗壞地將手邊還溫熱的豆子罐頭拿起來，以光速百分之九十朝前車廂砸過去（從羅斯汀的角度）。

　　儘管這時候派屈斯很可能正幸災樂禍，但他並沒有因此忽略觀察罐頭的飛行速度（從他的角度）。如果他憑著年少的天真無知，可能會認為罐頭是以 $1.8c$ 的速度在移動——火車的速度（$0.9c$）加罐頭的速度（$0.9c$）。但還好，他早就脫離了那種愚蠢階段。

　　還記得兩個事實嗎？

一、他看到羅斯汀的鐘錶變慢了（慢了2.3倍）。

二、他看到羅斯汀的火車被壓縮了（同樣壓縮了2.3倍）。

　　變慢了幾倍或壓縮了幾倍並不重要，重要的是，從派屈斯的角度看：

一、罐頭從離開羅斯汀的手，到撞上火車車身，花的時間變長了。

二、罐頭移動的距離，並不如羅斯汀所講的那麼長。

重點是，這個罐頭的移動速度，比我們及派屈斯原先所假設的還要慢很多。其移動速度並非1.8c，而是光速的百分之九十九點四四。

類似的遊戲，我們可以無窮無盡地玩下去。例如，我們可以假設罐頭上坐了一隻螞蟻，他原本正興高采烈等著要和蟻后約會，不料蟻后卻打了通電話來，說她不去了，她要在家裡整理打掃。於是螞蟻一氣之下，將一塊食物碎屑以0.9c的時速（從他的觀點看）扔向火車頭。沒想到，派屈斯的千里眼實在屬害，居然觀察到了這塊食物碎屑的移動速度是光速的百分之九十九點九七。

再假設，這塊食物碎屑上住了一隻行無性生殖的阿米巴原蟲，他站直身子，準備要去約會……接下來的畫面請各位自己想像吧。

無論再怎麼努力，再怎麼拚命，我們永遠跟不上光速，只能愈來愈接近……。

更何況，愈接近光速，速度要加快就得花更多力氣。譬如，各位可能以為，將速度從光速的一半加快到光速的百分之九十九，要多花兩倍的力氣，事實上是六倍。再比如，將速度從光速的百分之九十九加快到光速的百分之九十九點九，則要再多花三倍的力氣。

現在，我們應該有辦法回答愛因斯坦在十六歲時提出的問題了[8]：要是一邊以光速百分之九十九的速度前進，一邊照鏡子，會發生什麼事？沒事，至少不會發生什麼不尋常的事。你的太空船、太空船上的鐘錶，以及你在鏡子裡的倒影，看起來都很正常。你唯一會注意到的怪事，是你那些還留在地球上的朋友，他們的心臟、鐘錶、性感月曆等等各式各樣的計時器，都會比原先慢七倍。而且，由於某些原因，他們的外表看起來也比原本變窄七倍。

我們可以進一步問，要是一邊以光速百分之九十九點九的速度

前進，一邊照鏡子，會發生什麼怪事嗎？答案是，除了時間膨脹效應和長度收縮效應的倍數增大以外（從七倍增大為二十二倍），其他並沒有什麼不同。

　　這裡的問題在於，上述每一種速度，儘管都已經很接近光速，但依然超越不了光速。而且，由於速度每增加一點，就得耗費更多能源，因此要加快到光速的程度，便需要無限大的能源。提醒各位，不是很大，而是無限大。

　　如果這樣說你還是無法滿意，試問：假設你可以光速前進（先別管做不做得到），從你臉上反射出來的光線將永遠無法抵達鏡子，如此一來，你將永遠看不到自己的影像，就像吸血鬼一樣。等等！既然看不到影子，就代表你是以光速前進，可是前面說過，我們永遠無法得知自己是不是正在移動，由此證明，我們永遠到達不了光速。

※ 相對論講的，不就是把原子轉換成無限大的能量嗎？

　　上述關於鐘錶、米尺和光速的討論，本身固然有趣，但說到相對論，各位最先聯想到的應該不是這些，而是物理學中最有名的方程式（也是本書唯一會明白寫出來的一個方程式）：

$$E = mc^2$$

　　寫出這個方程式很簡單，現在相信大家應該已經相當熟悉這方程式裡的光速代號 c。

　　方程式左邊的 E 代表能量，我們稍後會談到它為什麼會出現在這裡，但現在要討論另一個代號 m，代表質量。

說到質量，許多人以為它代表物體的「大小」，可是對物理學家而言，質量的意義在於：移動一件物體要花多少力氣，或阻止一件物體移動要花多少力氣。譬如，若火車和羅斯汀同樣以每小時十英哩的速度向你衝過來，要讓羅斯汀停下來會比讓火車停下來容易。

可是，我們先前已經注意到某個相當有趣的現象，那就是豆子罐頭的質量。我們發現，當罐頭的移動速度愈來愈快，要讓罐頭的速度加快——就算只加快一點點——就變得愈來愈難。換句話說，感覺上，這個罐頭和裡面的豆子，質量好像愈變愈大（也就是愈來愈不容易移動）。此外我們也注意到，一旦罐頭的速度接近光速，最後你需要無限大的能量才能令它加速。

換個方式講，當運動的能量增加，**慣性質量**（inertial mass）似乎也會跟著增加。也就是說，儘管這物體沒有增加質量，卻表現出質量好像增加的樣子。但就算罐頭的速度變成零（即運動的能量為零），慣性也不會因而消失。罐頭和豆子完全靜止時，還是會擁有一定的能量，也就是**最小慣性質量**。在這個基礎上，如果加入能量，慣性質量就會增加。

所以，愛因斯坦的著名等式，實際上是在描述質量和能量之間的轉換。

這個方程式，科學家們延伸出許多有趣的應用，我們在日常生活裡也時時刻刻都會看到這個方程式以太陽光的形式呈現。即使愛因斯坦這套理論，在實際應用已相當成功，在一般人的認知中，更造成了不可思議的衝擊，尤其是不了解相對論的人。

身為物理學家，作者之一經常收到讀者來函，聲稱自己發明了某某理論，可以推翻既有的科學派典，他們的理論十之八九都主要

在爭執愛因斯坦的偉大方程式是錯誤的，他們發現愛因斯坦的論證裡存在了某個瑕疵，又或者方程式裡的數學計算有其他解釋等等。由於諸如此類現象實在是太頻繁，沒完沒了，於是在愛因斯坦首度提出這個方程式後一百年，美國國家公共廣播電台（NPR）製播了一集《美國生活》（*This American Life*），介紹某位男子是如何千方百計想證明「E並不等於mc^2」，卻始終沒有成功。

　　一道簡單的轉換方程式為何會引起這麼多的關注呢？第一，這道方程式看起來是太簡單，沒有任何令人陌生的符號，對於符號所代表的意義，大多數人也都有相當程度的了解。沒錯，這道算式**的確**簡單，它等於是在說：「我想要用**東西**跟你交換能量，不曉得可以換到多少？」

　　答案是：「還不少」。我們知道，c 是個很大的值，如果將這個值平方後乘以物體的質量，大約可知是一個很大的能量。

　　我們用數值小的例子來說明。假設你擁有兩公克的「鈽鉡鎳」（這東西事實上並不存在，我們只是為了舉例而捏造出來的）。鈽鉡鎳的質量，相當於一枚一便士的硬幣，然而你想要把這個物質全部轉換成能量，要是你能夠辦到──但我們敢拍胸脯保證，你辦不到──你將擁有大約一百八十兆焦耳的能量。不曉得一百八十兆焦耳的能量有多大？沒關係，透過下面幾個比喻，你應該就能了解：

一、這股能量，可以供五萬顆一百瓦的電燈泡點亮整整一年。

二、這股能量，比印第安那州特雷霍特（Terre Haute）的居民（人口數為五萬七千二百五十九人）一年內所攝取的總卡路里還要高。

三、這股能量約等於五千噸煤炭或一百四十萬加侖汽油所蘊含的能量。若特雷霍特的居民願意共乘汽車，這股能量將可以把每個

人從紐約開車送到加州。當然，這麼做是沒什麼理由。

相形之下，如果是兩公克的煤炭，在正常的情況下，燃燒所產生的能量只能夠讓一顆燈泡點亮大約一個小時。

就像人類一樣，大多數人都不會將自己的潛能完全發揮，物質也一樣，除了極少數的例外（例如讓物質和反物質對撞，這一點之後我們才會談到）。事實上，並沒有任何物質有辦法將自身質量全部轉換成能量，因此，請不要一看到 $E=mc^2$ 就立刻假定，你可以將石油統統轉換成龐大的能量。

「根據我的估計，你們具有很多能量！」

　　愛因斯坦的著名方程式改變了全世界，最明顯的一個例子是核子武器和核能發電廠的興建。但各位要知道，在大多數的核子反應中，被轉換成能量的質量，都只佔總質量的一小部分。我們的太陽，就是一個可以將氫轉換成氦的超巨型熱核發電機（thermonuclear generator），它的基本核子反應是將四顆氫原子轉換成為一顆氦原子，過程中會產生一些廢料，如微中子（neutrino）、正電子（positron），當然還有光與熱等能源形式。幸運的是，太陽製造出來的能量是以光的射線呈現，可以使地表溫暖，為藻類和植物提供養分，形成一個地球生態系統，使人類得以存活。

　　不過，相較於我們的鈽鈾鎳，太陽在能源製造上並不是那麼有效率。太陽每「燃燒」[9]掉一公斤的氫，會剩下九百九十三公克的氦，也就是說，被轉換成能量的氫只有七公克。儘管如此，從前面的例子看來，一點點質量就能夠產生巨大的作用。

　　在今天，質量與能量互相轉換的例子並不常見，最常見的是把質量轉換成能量，例如一些最恐怖的例子，如原子彈、核電廠、放射性衰變（radioactive decay）等等，在這些例子裡，高能量的碰撞或隨機衰變，會導致微小的質量轉換成巨大的能量。為何放射性材料如此恐怖？因為，即使是一次衰變，就足以產生帶有龐大能量的光子，足以對你全身上下的細胞造成嚴重傷害。

　　能量轉換成物質，在今天極為罕見，然而在宇宙剛誕生時則很常見。當時，宇宙的溫度高達幾十億幾百億度，光粒子彼此相撞，物質就從中產生了。聽起來很神奇對嗎？的確，所以第七章我們會再探討這個主題。

物理學龍虎排行榜：誰是近代最偉大的物理學家？

前五名：

我們三不五時會被捲入一些沒有意義的討論，例如：「寇克（Kirk）船長和畢凱（Picard）船長，哪一個厲害？」「最偉大的物理學家是誰？」等等。前者的問題，只要熟悉《星際爭霸戰》（Star Treks）你就答得出來，而後者則是見仁見智。我們敢打賭，一個物理學家如果算是偉大，一定有什麼重要的東西是以他們命名的。不過，偉大的思想家有時候的確會遭到忽略，而沒有得到應有的地位或聲譽（我是在說你呀，泰司拉老友），但是在這裡，為了討論方便起見，擠不進我們這份排行榜只能怪你運氣不好。再者，由於我們希望這張排行榜跟得上時代，因此那些二十世紀以前的古人，不好意思，在此也會被封殺出局。最後，我們知道，一定有很多物理學家會不同意這張排行榜，因此我們充滿敬畏地表示，請反對者不妨自己寫一本書。

一、愛因斯坦（Albert Einstein, 1879-1955），一九二一年諾貝爾獎得主

還用說嗎？基本上，愛因斯坦可以說是從無到有發明了狹義相對論（本章）和廣義相對論（詳見第五、第六章）。他確鑿地證明光是由粒子所組成的（第二章），並且他是量子力學（quantum mechanics）的開山祖師之一，儘管他自己並不怎麼信這套學說。愛因斯坦這名字，可說是「天才」的同義詞，毫無疑問，在所有物理學家之中，他是辨識度最高的。

二、理查·費曼（Richard Feynman, 1918-1988），一九六五年諾貝爾獎得主

費曼的心智深為每一位年輕物理學家所嚮往，是他們心目中的大英雄。他運用量子力學解釋電的運作，因而發明了量子電動力學（quantum electrodynamics）（第四章），此外他還證明粒子在電場中會同時行經所有可能的路徑（第二章）。費曼在物理學界有「最高明的詮釋者」的美名，我們倆就無恥地借用了他在授課時所用過的幾個例子（但有註明出處）。

三、尼爾斯·波耳（Niels Bohr, 1885-1962），一九二二年諾貝爾獎得主

接下來，本書的第二章會討論量子力學，相信你會愛上它的！第二章一半的地方，我們會解釋「哥本哈根詮釋」（Copenhagen Interpretation），也就是今日量子力學的標準觀點。此外我們會有三個提示，讓你猜猜波耳是哪裡人。波耳除了定義現代人的世界觀，還提出了第一個原子的實際影像，讓世人了解我們不能再以老舊的觀點看待原子，所有原子的狀態都是「量子化」的。

四、狄拉克（P. A. M. Dirac, 1902-1984），一九三三年諾貝爾獎得主

狄拉克是一種比較另類的物理學家，他致力於演算方程式，得出某個物理學上無解的怪異結果，再聲稱「上帝用美妙的數學創造了世界」，便假設這些算式必定正確無誤。在反物質被發現的前四年，他便以這種方式預測到反物質的存在。

五、海森堡（Werner Heisenberg, 1901-1976），一九三二年諾貝爾獎得主

海森堡在獲頒諾貝爾獎時，評審委員提出的頒獎理由是：「他創造了量子力學，而透過量子力學的應用，科學界才發現到了氫原子同素異形體（allotropic）的存在。」事實上，海森堡並不是量子力學的正宗祖師爺，但他的確在這方面做出很大的貢獻，並提出「海森堡測不準原理」（Heisenberg Uncertainty Principle），在第二章會有更詳盡的討論。

註解

1 至少，對不曉得何謂「超精細躍遷」的人而言，這簡化了許多事。至於超精細躍遷是什麼？沒關係，你不需要知道，這一題考試不會考。

2 起碼還要再等上一百八十秒左右。

3 熟讀科幻小說的讀者，可能聽過某種叫迅子（tachyon）的粒子，這是世上**唯一**比光還快的東西。但迅子是虛構的，截至目前為止，並沒有人發現到它的存在。撇開數學上建構的概念不談，迅子只適合放在**科幻小說**裡，不適合在這裡加以討論。

4 在這個例子裡，愛因斯坦並沒錯，但他的確出過兩次差錯，我們在第三章和第六章會再談到。

5 什麼？

6 當羅斯汀跨出車廂，卻發現自己進入到一個由智慧超高、不愛乾淨的猿猴所統治的世界，機率也會跟著提高。

7 沒關係，你還是可以把這本書當作「安慰獎」帶回家。除非有人趁機偷看，否則不會有別人知道你的猜測有多離譜。

8 或「那個問題」，總之，十六歲的孩子對很多事都很好奇。

9 但物理學家喜歡指出核子反應並非燃燒；燃燒是一種化學過程，並非原子反應，需要氧氣的參與。沒辦法，物理學家可是很龜毛的。

詭異的量子世界

「薛丁格的貓是死是活？」

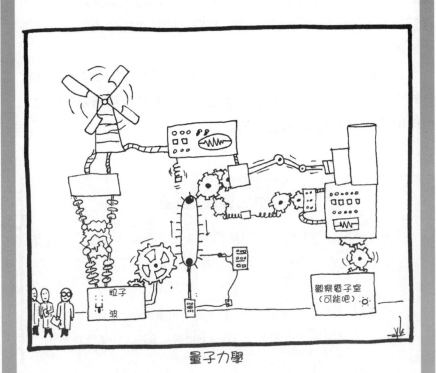

量子力學

若你與我們一樣鄙視權威，熱愛生命，一定不會任意接受別人的命令，更不會盲目信仰。這一點我們很清楚，因為我們也曾經叛逆過。所以在解釋宇宙的運作時，我們不會用「我們說了算」的態度來回答各位的疑問。相反的，我們會使盡吃奶的力氣，用常理推斷以及日常生活中所經驗的事物，來舉例說明，為各位指引正確方向。

可是，在談到量子力學時，我們卻不能這麼做，因為要是依據常理，你一定會迷失方向，即使你不以為然。一如格林童話糖果屋裡的漢瑟（Hansel）與葛雷特（Gretel），你可能會受到繽紛色彩和簡單答案所迷惑，而挑最簡單的路走。各位不妨想像這本書是麵包屑鋪成的路線，能指引你走上正確的道路，讓你見識到量子世界的奇幻詭異。至於我們最後如何被一群貪吃的鳥爭先恐後吃掉，則不必追究太多。

也許你臉上會掛著滿不在乎的微笑問：「量子力學有什麼好奇怪的？」我們知道，你什麼都見識過了，沒有什麼事情嚇得倒你，所以相信你應該不介意來個小考吧[1]？

古老的古典直覺測驗

請誠實回答下列問題。即使你學富五車，對量子世界已經有幾分了解，也請別假裝你的直覺能輕鬆接受一般人眼中認為弔詭的事。

問題一： 你是否接受詩人佛洛斯特（Robert Frost）在詩作《未走之路》（The Road Not Taken）裡所說：

> 　　黃色的樹林裡，一條路分岔為二
>
> 　　很遺憾我只能選擇其中一條
>
> 　　而無法同時走兩條路
>
> **問題二：**哈姆雷特說：「活著好呢？還是死了算了？（To be or not to be）」他非得在兩者之間左右為難嗎？
>
> **問題三：**要是森林裡有樹倒下，會發出聲響嗎？
>
> **解答：**
>
> 　　要是三個問題你都答「是」，那麼恭喜你，你的心智很適合生活在古典世界裡。
>
> 　　但要是三個問題你都答「否」，那麼很抱歉，你沒通過這個直覺小測驗，儘管如此，卻代表你可能更容易了解量子世界。

　　如果你通過了這個古典直覺小測驗，恭喜你，你的同伴不少，其中還不乏鼎鼎大名的物理學家，如牛頓和後繼者。拜這些科學家的努力之賜，我們現在才有辦法根據強烈的古典直覺，建造出火車、汽車和太空船。而且，除非你的職業剛好是微晶片（microchip）設計師，要不然，發生在日常生活裡的種種，應該都是屬於古典世界。

　　但其實不然。如果夠仔細，你會發現，我們的物理世界，事實上是建立在量子力學的微觀世界上，這一點稍後會再做詳盡的討論，現在，我們起碼應該先解釋什麼叫量子力學。所謂量子，描述的是以下的現象：在談到電子或其他粒子能量時，不會是隨隨便便任何數字。譬如我們只能買到四十瓦、六十瓦或一百瓦的電燈泡，卻買不到九十三瓦的電燈泡，在微觀的世界裡，能量也以某個

（或**應該**只能以）「量子化」的狀態呈現。量子的另一個意思是：儘管我們有時候會說，「所有空間全被某樣東西（例如電場）所佔據」，但要是看得夠仔細，我們會發現這東西其實可以再分解成更小的粒子。

量子力學的力學二字，其實是多餘的。為方便說明，接下來我們邀請到兩位專家——《化身博士》裡的傑柯博士（Dr. Henry Jekyll）和海德先生（Mr. Edward Hyde）來協助我們認識量子世界的詭異本質。傑柯博士是一位仁慈善良、行為端正、穩重的人，相反的，海德先生則是個怪物，邪惡、狡猾，還有許多讓人唾棄的特質，大約只有殺人如麻的冷血殺手或狂熱的卡拉OK愛好者才比得上。

當然，關於這兩人，有件事情你一定要知道；這兩人並非完全互不相干。海德先生其實是傑柯博士的化身，偶爾會從傑柯博士的體內出現作怪搗蛋，為非作歹[2]。但是無論這種情形是隨機發生的、心血來潮的，或只在特定時間發生，每當傑柯博士變身時，他就會在瞬間從一個溫和有禮的醫生變成一個口吐白沫、心懷怨恨的反社會份子。

十二月某一天，天空飄起了雪，傑柯博士決定到外頭散步，享受一下十二月的冷冽空氣。走著走著，他看到一道缺了塊木板的白色籬笆，由於他生性幽默，喜歡搞一些無傷大雅的惡作劇，於是他便站離籬笆幾英呎處，用地上的雪捏成雪球，往籬笆的方向扔過去。有許多雪球都砸到了籬笆上（畢竟他是個科學家，所以瞄得準不準無關緊要），但是有幾顆則飛過了籬笆的缺口，砸向前方的房屋外牆。這些雪泥巴在牆上留下了一道痕跡，而這道痕跡，誠如各位所預期的，相當單純，基本上是一條直線。

　　丟了一會兒，傑柯博士開始覺得無聊，於是離開轉往別處。不久，他又看到了另一道有缺口的籬笆，只是這道籬笆的缺口有兩個。於是，傑柯博士再次抓起雪球，啪！唰！地丟了起來。有些雪球飛過左邊的缺口，有些飛過右邊的缺口，有些則打在籬笆上。籬笆內隔著一段距離的房舍外牆，產生了兩道明顯的痕跡。關於這兩道痕跡，你可能會滿懷信心地說，左邊那道痕跡，是雪球行經籬笆左邊缺口所造成的，右邊那道痕跡，則是雪球行經籬笆右邊缺口所造成的。

　　傑柯博士的這道雙狹縫實驗（double-slit experiment），最初的設計者其實是英國物理學家湯瑪士・楊格（Thomas Young），實驗完美說明了粒子的行為。當籬笆有一道缺口，雪球會在房屋牆壁上留下一道痕跡，當籬笆有兩道缺口，牆壁上就會變成兩道痕跡。同樣的實驗，可以把雪球換成石頭或奶油蛋糕，得出的結果其實差不多。重點是，這項實驗的結果很容易預測，完全符合直覺。要是此時有警察看到傑柯博士在惡作劇而追上去，在警察剛開始追博士時，我們很清楚兩人的確切位置。傑柯博士繞進小巷子時，我們也還是很清楚他的位置，因為我們能測量這城市每條街的長度，也能測量傑柯博士所跑的時間，因此也能測量他跑得多快。

　　以上所述儘管並不符合紳士該有的舉止，卻相當符合粒子的典型特性。

　　接下來，驚人的事情即將出現。要是我們拿掉古典力學的玫瑰色眼鏡，再重新看待這個追逐，結果會如何？我們會發現，傑柯博士不只一個，除了繞進巷子的，還有在大街上狂奔的，此外我們還發現，雪球竟然同時穿越兩道缺口。

✵光究竟是微小的粒子還是大的波？

　　前面我們花了一點時間讓你明白，你具有了解古典世界的能力，接下來我們則要進入由量子力學主宰的微觀世界。首先，讓我們從一束光線開始看起。十七世紀時，牛頓宣稱，光必定是由獨立的光粒子組成，稱為光子（photon）。他利用三稜鏡讓太陽光顯現出不同色彩，並據此堅稱光必定由微小的粒子所組成。

　　但大約與此同時，荷蘭醫師克里斯齊安・惠更斯（Christian

Huygens）卻得出恰恰相反的結論。他說，要是我們能夠想像光從單一的點放射出去（就像往池塘裡丟入一顆石子），所有我們看得到的關於光的現象，就能得到充分的解釋。因此他宣稱，光的行為比較類似於波。

接下來，我們應該解釋一下什麼是波，好讓各位充分體認粒子學說與波動學說的對立衝突。

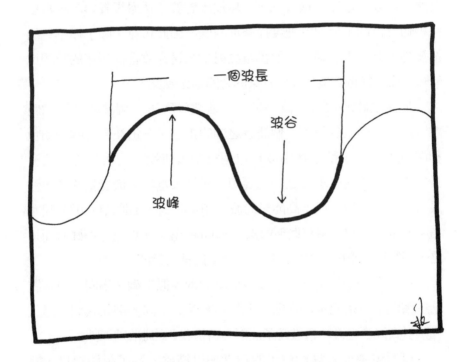

相信大家都曾經在海邊或自家浴缸看過波。無論是浴缸裡的水波，空氣中的聲波，又或者光波，都擁有下列幾個共同要素：振幅、速度、波長。

波峰的高度和波谷的深度，也就是所謂振幅，可以反映出波的

強度。例如要想在調頻收音機上聽到「外國人合唱團」（Foriegner）的音樂，首先音樂必須先轉換成一連串的波峰和波谷，再透過無線電發射器來傳遞。這些無線電波的振幅，將決定聲音訊號的強度，讓你清楚聽到收音機傳出的「熱血」（Hot Blooded）歌曲。

波有所謂的傳播速度（propagation speed）。無線電訊號事實上是光波的一種，所有的光都是以每秒299,792,458公尺的速度前進。當無線電波抵達收音機天線，會轉換成聲波（透過揚聲器），再以每秒約三百四十公尺的速度撞擊你的臉。由此可見，除了極罕見的情況外，無線電訊號波從無線電發射站抵達你收音機所花的時間比較短，而它從揚聲器抵達你耳朵的時間則比較長。

最後是關於波長。波長是上一個波峰與下一個波峰之間的距離，或上一個波谷與下一個波谷之間的距離，一道波所有關於顏色和能量的訊息，都是藉由波長這個機制所傳遞。「可見光」的波長，比一公釐的一千分之一還要短。而無線電波等低能量的波，波長可能長達好幾公尺；高能量的波，如X光，波長則只有10^{-9}公尺左右；能量再高的，還有伽瑪射線（gamma ray），但是你最好敬而遠之，因為被伽瑪射線射中以後可能會變成擁有超能力的怪物[3]。

粒子所描繪的世界，和波所描繪的世界似乎截然不同。但是在某些情況下，這兩種觀點所造就的結果並無不同。例如我們知道，光照射到鏡子之後，會被鏡子反射，再被我們的眼睛所吸收。

反射現象很容易從粒子的角度加以描述。為了說明起見，我們不妨將光子比喻成球。或許，你跟我們一樣，也曾經對著自家車庫大門或牆壁練習打網球。要是你夠專心，可能會想起有人說過，接發球要玩得好，重點就在於掌握一個原則：「入射角等於反射角」。但是，太專心還可能造成另一種狀況，就是你的心中充滿了

慷慨激昂的戰鬥歌曲，不過這沒什麼關係，相信我們的話就是了。你完全明白光子的反射現象，現在，把光子換成網球，車庫門或牆壁換成鏡子，就是對光的現象完美的描述了。

當然，波的反射也一樣。想想小提琴或音樂廳的結構設計；聲波如何在琴身內或音樂廳內反彈，決定了音場效果。這就好比粒子的情形，光的反射也同樣決定於這個神奇的原則：「入射角等於反射角」。

既然波和粒子具有同樣的反射現象，那麼這兩者的爭議豈不就像是在玩文字遊戲？等等，先別急著下結論，因為，粒子和波的結果並非**總是**一樣。

就本書的討論目的而言（還有惠更斯的角度而言），波有趣的地方在於，兩道波會互相干涉。這句話的意思，只要往平靜的池塘裡丟幾顆小石頭就可以得知。

這個物理現象可以從許多角度來解釋，卻無法解答一個重要的問題：光究竟是由電磁波所組成，還是由粒子所組成？這項爭議持續了好幾百年，直到二十世紀才告一段落，結果是，兩種說法都對。這就好像兒童才藝競賽，人人都有獎。想知道為什麼，讓我們再回頭來找傑柯博士。

丟了一整天的雪球，惹了幾個警察之後，傑柯博士回到自家實驗室，急著要進行幾項實驗。在此，他擁有比較先進的科學儀器，可以按照楊格所設計的方式進行雙狹縫實驗。這一回的實驗，他不用籬笆和雪球，而改用一個螢幕，上面有一道狹長的細縫，再投以雷射筆所發出的光。在隙縫的螢幕後面，還有另一道投影螢幕，讓傑柯博士可以看到光在上面投射出來的圖案。你覺得他會看到什麼？

　　別想得太複雜。傑柯博士在投影螢幕上會看到一條狹長的亮光。

　　可是，如果他在前面螢幕上刻出**第二道**狹縫時，情況就會變得有點複雜。

　　當傑柯博士的螢幕變成兩道狹縫時，他變身成為獸性的海德先生。光線會同時穿越這兩道狹縫，穿越之後會像波浪一樣彼此干涉，因而在後方的投影螢幕上形成複雜的圖案。

　　根據楊格博士本人所做的研究筆記，這個雙狹縫實驗的結果如下：

　　光穿越了A狹縫和B狹縫，投射到後方螢幕，分別形成C、D、E、F四個位置的亮點（亮點位置的出現，取決於螢幕寬度；螢幕愈

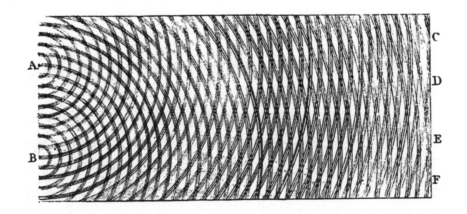

寬亮點愈多）。這個景象，你是不是覺得很熟悉？像不像你同時在池塘的A點和B點丟進石頭一樣？只不過，楊格的實驗結果更精確地描述了兩道波互相干涉的情形。

　　讀完了上述文字，如果你不覺得震撼，容我們提醒你：由於螢幕上出現幾條長長的亮光，因此代表波的干涉（wave interference）現象的確存在。換言之，光一定是同時穿越了左右兩個狹縫，才會彼此干涉，否則便不可能在後方螢幕上看到複雜的圖案。

　　而且，跟反射現象不同，這一種情形無法從粒子的角度來解釋。假設你的左右手各抓起一顆撞球，然後讓兩球互撞，這兩顆球會互相抵消而消失嗎？不，球會彈開。唯有波才會出現彼此相加干涉的情形。

　　於是，我們得出了一個簡單的結論：

· 兩道亮光＝粒子行為（傑柯博士）
· 多道亮光＝波動行為（海德先生）

✳ 觀察本身是否會改變現狀？

很顯然，光是波的一種，楊格的雙狹縫實驗明明白白證明了這一點。結案。

還沒完。牛頓曾經很有把握地認為，光具有粒子的性質，而且，這麼想的還不只他一個。一九〇五年，愛因斯坦便證明光事實上是由光子所組成的。但，任何偉大的宣言都必須有確實的證據，無論學術界裡多麼響亮的大人物如何堅信自己的理念，於是，愛因斯坦便以光電效應（photoelectric effect）來解釋他的說法。

之前，科學家已經觀察到，如果將一束紫外線射向金屬，金屬就會冒出電子，但如果是能量較低的光，則不會產生此種效應。愛因斯坦認為，只有一種說法能解釋這種現象，光基本上一定是由個別的粒子所組成（這些粒子再將能量傳遞給個別的電子），他並將之取名為「光電效應」。這就像撞球遊戲中用母球撞擊子球，聽起來的確比較像是粒子而非波動現象。由於紅光、綠光和藍光的能量太弱，因此這些光的光子沒有足夠的能量將電子撞擊出來，上述現象只在高能量的光可以觀察到。

因為這項發現，愛因斯坦獲得了諾貝爾獎，如今，幾乎每一本介紹相關現象的入門書都將殊榮歸功於愛因斯坦，認為他證明了光具備粒子的性質，但事實上，愛因斯坦當初提出的證據並不完美。若干研究團隊在一九六九年提出證據指出，光電效應事實上可以用光的波動性來加以解釋。儘管愛因斯坦成功解釋了光電效應，但他的說法並不是唯一說得通的。不過，雖然他所提出的證據有些許瑕疵，但畢竟還是正確的，後來還有許多實驗都證明光的確表現出粒子的特性。

各位可能認為，上述爭議跟「大頭針尖上最多能有幾個天使同時跳舞？」或「電視影集《青春》（Blossom）目前的演員陣容為何？」等問題沒什麼兩樣，對我們的生活沒有太大影響。畢竟，誰會去在乎光究竟是粒子還是波動？更何況，是光還是波，看起來似乎沒有太大差別，就像海裡的水雖然會展現波動的特質，但我們都很清楚，海水事實上是由個別分子（一種粒子）所組成的。

光也一樣。光看起來雖然像是連續的波，但也許就像我們在電視上所看到的影像一樣，儘管看起來連續，但如果我們將臉貼近電視螢幕看個清楚，會發現這些影像事實上是個別的像素所組成的。

所以，光看起來像波，會不會是因為，光是由許多光子所組成的？雙狹縫實驗的結果或許可以解釋成，左邊的狹縫有一大堆光子穿過，右邊的狹縫有另一堆光子穿過，然後這兩堆光子再彼此干涉。

要是人生也這麼簡單就好了。

前面說過，在量子力學的世界裡，物理直覺通常沒什麼助益，不過，各位可別因此就急著扔掉你的「救生圈」，因為等一下你就會被扔到海裡。

前述由於兩道狹縫都有大量光子通過，對彼此產生干擾，因此展現出波的行為，這個說法聽起來頗有道理。這時，由於海德先生想要變回傑柯博士，於是有了一個主意。他低吼：「要是降低雷射光的密度，一次只讓一粒光子通過，就**不可能**會有東西被干涉，光子就不會展現出波的性質了！」

唉，可憐的大笨蛋！讓我們看看這個自作聰明的傢伙如何進行錯誤的計畫。

海德照計畫行事，他降低雷射光的密度，一次只有一粒光子通

過狹縫，和之前一樣，後面的螢幕上裝有偵測器，只要有光子撞上去，偵測器就會記錄。偵測器需要一點時間才能顯示累積的數目，但海德只要看投射螢幕上的圖案就知道結果。

海德看了投射螢幕上的光影圖案，發現雷射光的光子展現出波的行為，或著說，穿越狹縫的光子出現了干涉行為。問題是，雷射儀已經調整成一次只發射一粒光子，那麼光子是在對誰進行干涉？唯一符合邏輯的說法是：光子在自我干涉。每一粒光子，會同時穿越左右兩個狹縫。這樣看來，詩人佛洛斯特錯了，你可以同時走兩條路（如果你是光子的話），而不是只能走一條路。

由此可見，光子既可以表現得跟粒子一樣，也可以表現得跟波一樣。知道光子同時具備粒子和波動兩種特質有什麼用？畢竟這又不能告訴我們，光子如何得知自己何時該表現成粒子，何時又應該表現成波。關於這一點，普林斯頓大學教授約翰・惠勒（John Archibald Wheeler）在一九七八年提出了一個很有趣的實驗，他想，進行雙狹縫實驗時，如果在半途改變規則，光子的行為會如何變化？惠勒說：「試想，要是卸下後面的投射螢幕，再向後方一定距離處架設兩副小望遠鏡，面向這兩個狹縫，會發生什麼事？」

照理說，後方投射螢幕移開時，透過望遠鏡我們應該可以看到，特定光子所穿越的究竟是左邊狹縫還是右邊狹縫。也就是說，在這種情況下，光子只能穿越兩個狹縫之一，而不可能同時穿越左右。換言之，移開螢幕時，我們就能**迫使**光子表現如同粒子，並使實驗者的身分從海德變回傑柯。相反的，要是把螢幕放回去，光子的行為就會變得跟波一樣，邪惡的海德就會復活。

什麼？改變放置或移除螢幕，就會改變光子行為？這種概念已經夠詭異了，沒想到惠勒提出的實驗構想更加詭異。他問：當光

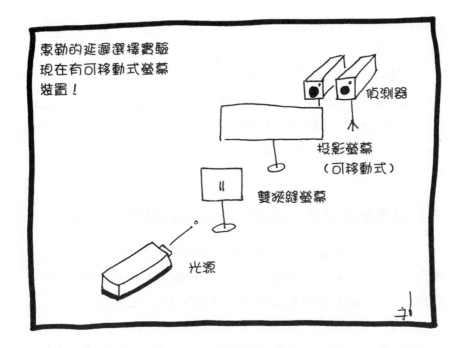

子通過第一道螢幕（有狹縫的螢幕）**後**，如果移開後方的投射螢幕，會發生什麼事？透過這樣的「延遲選擇實驗」（delayed choice experiment），在實驗中的任何一個時間點，我們都可以令光的特性從粒子轉變成波，或從波轉變成粒子。

換句話說，在實驗進行以後，我們可以移開後方的投射螢幕，讓原本同時通過兩道狹縫的光子，變成只通過一道狹縫。也就是說，我們可以藉由人為的操縱，使光子選擇通過已經通過的狹縫。什麼？儘管光子已經通過狹縫，但我們居然可以使現實翻轉，這聽起來實在詭異，令人毛骨悚然。

我們移開螢幕，迫使光子的表現符合古典物理原則，此時，根據量子力學的觀點（還有惠勒的觀點），我們應該無法預測光子會

穿越哪個狹縫。但事實上，在事件發生後，我們居然還可以重新改變量子世界。

這隱含了兩個很深遠的意義：

一、透過觀察，我們基本上可以改變一個系統的運作方式。

二、個別的光子，可以表現得像粒子，也可以表現得像波，甚至可以在一瞬間從粒子變成波，或從波變成粒子。

✳ 如果觀察夠仔細，是否就可知道電子究竟是什麼？

如果僅止於討論光，怪異的量子力學倒也沒什麼不好。畢竟光很特別，沒有質量，又永遠以 c 的速度移動。不過，答案你大概可以猜到，因為量子力學的影響範圍遠大於光子。

電子，是人類目前能夠輕易操作的最輕粒子。如果你不太懂電子也沒關係，第四章會有更詳盡的介紹。現在，各位只需要知道一點，電子在我們的生活裡可說是無所不在。像老式的陰極射線管（cathode-ray tube）電視機，陰極射線管就是「以次於光速的速度將粒子朝你臉上打的彈道電子槍」。

如果我們在雙狹縫實驗中不使用光線而是電子，然後放的是螢光幕，會發生什麼事？每當電子撞擊螢光幕，就會發出光線，因此我們可以計算一個螢光幕的特定區域受到多少顆光子的撞擊。假使海德先生可以操縱電子束，使發射時一次只發射一粒電子，他**仍然**會在螢光幕上看到波狀圖案。電子的這種行為和我們對光子的觀察完全一致！

囿於現實因素，多年來，這項實驗一直無法真正實行，然而物理學界幾乎已認定實驗結果應該跟預想的完全一致。直到一九八九

年，日本學習院大學（Gakushuin Universtiy）教授外村彰（Akira
Tonomura）與同事們終於用電子做出這項雙狹縫實驗，結果，不出
所料，他們在螢光幕上看到了波形的光影（見下圖），就像光束的
實驗一樣。我想現在你應該不會覺得驚訝了。

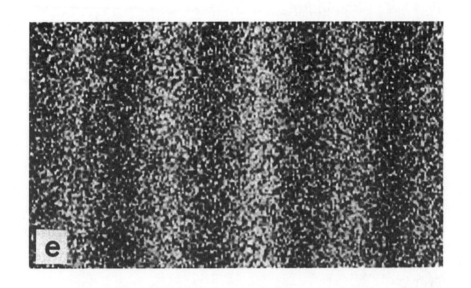

　　假使你還是不能瞭解，我們可以讓海德先生給你一個當頭棒
喝，現在，讓我們再複述一遍：電子能夠自我干涉，意味著電子實
際上同時穿過了**兩道**狹縫。可是，不管你家的菜刀有多鋒利，都不
可能將一粒電子一分為二，所以說，這夠弔詭吧，電子沒有一分為
二，居然還可以同時穿越兩道狹縫。

　　當然，不僅光子和電子，即使以其他微粒子（如中子、原子）
來進行相同的實驗，結果也會一模一樣，都會看到同樣詭異的量子
現象。

　　我們承認的確是在強力推銷雙狹縫實驗，但請你相信，這樣做

有絕對的必要。若物理學家研究的主題是相對論，他可以假設光速是恆定的，再以這個假設和理論去推導出各種結果，整個過程都不用踏出自己或父母舒適的窩。量子力學則恰恰相反，研究成果幾乎都是從一個又一個的實驗中累積，一個學說被推翻之後又產生一個新的學說，如此不斷重複。

外村彰等人所做的實驗，另一部分結果跟惠勒的延遲選擇實驗一模一樣。要是我們控制電子一次通過某側或兩側的狹縫，波函數會解體，使得電子展現出粒子性的行為。

在物理學家的世界，「波函數會解體」這句話，就像「計算漢密頓循環（Hamiltonian）的特徵值（eigen value）」，或「禮拜六晚上一個人待在家」一樣的平常，所以從來沒想過需要另作解釋[4]。不過，波函數的部份或許有必要解釋一下。

在量子力學的模型裡，世上每件事物都是波。如果靠得夠近，會看見電子並不是小彈珠，而比較像是雲。在雲最厚的部分（如果你堅持術語必須一致，也可以說「波函數」），發現電子的可能性就愈高。

當我們說電子「表現得像波一樣」，或是說到電子雲（electron cloud）時，意思並不是說電子的形狀像棉花糖一樣又鬆又軟。此外，我們也不希望各位把電子的波函數想像成是懷舊卡通《樂一通》（Looney Tunes）裡動作太快的「塔斯馬尼亞惡魔」（Tasmanian Devil），看起來模糊不清。

電子**的確**是同時存在於好幾個不同的地方，如果我們要測量電子真實的位置，同時也會改變系統的性質。我們永遠無法事先預測電子的位置，唯有在觀察時，我們才能獨立隔離電子。在我們測量單一電子位置的一瞬間（例如將光子射向電子），電子的波函數就

會崩解，於是，在這一瞬間，我們幾乎可以**確知**電子的所在位置，波函數此刻將不再佔據一大片空間。

想像一下，傑柯博士和海德先生坐下來一起玩「戰艦」（Battleship）遊戲。如我們所知，由於海德喜歡說謊，因此有好一段時間都只有傑柯博士報出自己真正的經緯度，而海德則一次又一次地報出失蹤，卻不停移動船艦。但到了最後，海德沒辦法繼續躲藏，因此他不得不將船艦亮在遊戲板上的某個地方，宣布遭受攻擊。換言之，傑柯對於船艦位置的估算，的確導致了這個結果。

換個方式來講，想想你自己的青春年少。年輕時，世界對你而言存在著無窮的可能性，關於人生，你有很多的選擇，你想要當核子物理學家、宇宙學家還是天文學家。如今，想想看你成就了什麼。所有的可能性和不確定性，如今已縮減成一個單一狀態——也就是你對自己的人生所做的選擇，與所走的路。

❋東西不見了，是否可以統統怪罪給量子力學？

介紹過量子世界基本的詭異特性後，我們接下來要花點時間談談一些看似更不可思議的現象，這些現象可能使你懷疑其中有詐，或覺得被過度簡化。

在用電子束進行雙狹縫實驗中，我們無法得知電子會穿越哪道狹縫，換言之，也就是電子位置的不確定性。一九四八年，任職於康乃爾大學的理查‧費曼注意到此實驗中有個更奇特的現象。

為讓各位能夠想像費曼所做的實驗，我們在此重塑當時情景。海德將電子束射向雙狹縫，看到了實驗結果，於是產生好奇心。他想，「要是在前面螢幕上再割出一道狹縫，變成三道狹縫，情況又

會如何？」生性嗜殺的海德，便從懷裡拿出刀子，在螢幕上割出第三道狹縫。如此一來，儘管機率不盡相同，但電子波必會同時穿越三道狹縫，而且三道波之間會互相干涉。

「要是變成第四道，或是第五道狹縫呢？」再一次地，電子會同時穿越所有的狹縫。「那麼，要是在螢幕上不斷割出新的狹縫，直到整個螢幕都割爛呢？」一想到此，海德像發了瘋似的往螢幕砍了又砍，直到整個螢幕四散在實驗室地板上。如此一來，電子應該會同時通過螢幕的每一位置，但機率依舊不盡相同。

那麼，要是海德在電子束和最後面的投射幕之間，放置了許許多多像這樣空虛的螢幕呢？很自然地，依照波函數的機率，電子也一定會同時穿越這所有螢幕上的所有狹縫。

那要是沒有任何螢幕呢？此時，費曼所描述的狀況就變成，一顆普通的粒子從A點移動到B點。要是各位還沒有領悟到這代表什麼意思（當然，我們承認，要領會不是那麼容易），且讓我們再說清楚一點，費曼所呈現的是，粒子從A點移動到B點，不見得會走一直線，或是走曲線，甚至其他特定路徑，事實上，粒子會同時行經**所有可能的**路線，只是機率不同。

更奇怪的是，在行經所有可能路線的同時，粒子會做出各種不可思議的事情來。例如，粒子的質量看起來是「錯誤的」，或是看起來速度比光還快等等。許多在正常情況下看似不可能的事，此時都有可能發生，只是發生機率極低。儘管如此，這種種看似「不可思議」的事，都必須包含在波函數的計算中，才不會出錯。

我們知道，這樣講很像是各位在唸大學時，深夜裡喝醉酒後與朋友進行的「哲學」對話：

「嘿，兄弟，要是人可以同時出現在不同的地方，那該有多

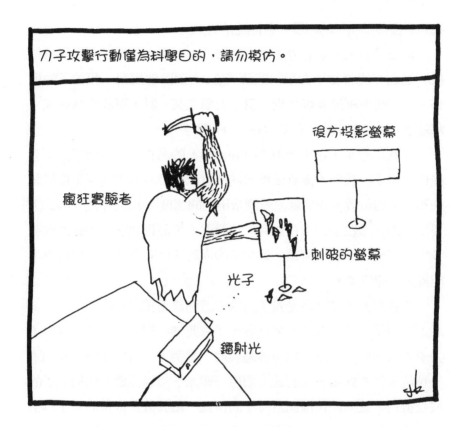

好？」

「你說啥！」

但就像雙狹縫實驗，費曼所謂「所有可能的路徑」能有效描述現實，給我們正確的答案，但由於我們沒有測量前面螢幕和後面螢幕之間的粒子，因此永遠無法確定粒子究竟位於其中何處。而且，要是我們試圖測量粒子的位置，就會干擾系統。

想要確知粒子所在的位置，就會對系統造成干擾，這實在是叫人洩氣，沒錯。不過，這個思想實驗雖然令人頭痛，但的確有助於

我們想像移動粒子的本質，各位說是嗎？

　　但要是有人不小心弄丟了汽車鑰匙，可別指望量子力學能幫忙找回鑰匙。儘管量子力學只能解答在A地或B地找到某顆粒子的機率，但不代表細節就很含糊。量子力學在某一點上可非常精確喔，那就是，人類對宇宙的認識實在少得可憐。

　　一九二七年，在哥廷根（Göttingen）的海森堡提出假設：不管是什麼粒子，我們不僅無法得知其位置或運動狀態，甚至，愈清楚一顆粒子的位置，我們就愈難測量出它的速度[5]，反之亦然。因此，要是確知一顆粒子的所在位置，我們就不可能得知它的運動速度有多快。同理，要是很清楚一顆粒子的運動速度有多快，我們就不可能得知它的位置。

　　海森堡測不準原理是量子力學中遭到最嚴重誤解的概念之一，最主要的原因是，很多人把它看成了古典物理現象。許多介紹量子力學的入門書甚至用下述論據錯誤地「證明了」這個原理：想知道一顆粒子位在何處，我們就必須用一顆光子加以撞擊。如果光子的波長很長，就無法精確測量粒子的位置。由於波長很長的光子具備較小的能量，因此在測量期間，電子受到的影響不大，因此我們可以準確測量粒子速度。這是錯誤的。

　　另一種對於知道粒子位置的極端的誤解是，我們必須用短波長的光子加以撞擊。由於這種光子帶有很強的能量，因此會對粒子造成極大的撞擊力道，所以我們無法清楚測得粒子的速度。這也是錯誤的。

　　如果你誤信以上的論證，你可能以為，粒子的位置和速度之所以測不準，全都是拜光子所賜。畢竟，要是沒有光子撞擊你想測量的粒子，事情就不會搞砸。其實不然。儘管我們的觀察會對粒子

狀態造成影響，但是粒子位置和速度的不確定性，是**基本上**就存在的，我們怎麼樣都無法消除這種影響。

此外，海森堡測不準原理帶來了一些令人驚訝的結果。首先，我們想像傑柯博士正在實驗室中把一疊筆記本放在實驗椅上，然後去休息一下，等他回來，筆記本應該原封不動地放在原處。畢竟，筆記本的體積不小，重量也不輕，應該不可能做出屬於自由意志的行動才是。

如果我們假設海德先生跑出來攪局，會發生什麼事？由於海德性情殘忍，他對筆記本完全視而不見，而在一個小到不能再小的盒子裡放入了一粒電子。既然知道電子在盒子裡，表示電子在位置上的不確定性變得很小，也因為如此，電子相對在速度上也有很大的不確定性。所謂的「不確定性」指的是什麼？意思是說，沒有人知道或**能夠**知道這粒電子的速率有多快。海德也知道，這粒電子並非靜止不動，否則他可以胸有成竹地說，該電子的移動速度為零。因此，電子**必定**是在小盒子裡快速地東奔西竄。

至於是東奔還是西竄，海德無法明確得知，不過，盒子愈小，海德對電子的所在位置就愈有把握，但對電子的速度卻愈沒把握，而電子東奔西竄的頻率就會更快。

但事情並不是這樣就結束了。不確定性並非只適用在電子。我們知道，光除了是粒子，同時也是波的組成，我們在下一章會讀到，我們的宇宙，基本上被四種（或五種）場所滲透，而光只是其中之一。如果海德拿來惡作劇的小盒子，裡頭空空如也，既沒有電子也沒有光呢？

我們說過，海德這傢伙雖然是個瘋子，事實上，這個實驗他根本辦不到。無論海德再怎麼努力抵擋光進入，光一定都有辦法進入

到盒子裡。要了解這一點，各位首先必須認識到，即使海德沒有主動把光放進盒子，但根據定律，盒子裡**可能**已經進入許多獨立的光波。不過，跟電子一樣，這些光波的振幅也是不確定的，但海德卻試圖將其振幅控制為零。這正是量子場論（Quantum Field Theory）的基礎，也代表狹義相對論（詳見第一章）與量子力學的結合。

同上，如果將電子侷限在一個小盒子裡，會使它以愈來愈大的平均能量在盒子裡彈跳，測不準原理保證我們無法讓一個電場完全消失。

這意味著，即使在海德應該是真空的小盒子裡，光子也會不斷地進出。什麼？這真是太瘋狂了！（海德本來就很瘋狂）。這也就意味著，即便是真空的空間也有能量。在物理學稱之為宇宙的「真空能量」（vacuum energy），具備一些詭異的特性，例如，海德將這個小盒子像手風琴一樣給擠扁，即使盒子的體積縮小，真空能量的密度也不會因此而變大。這一點，與我們所知完全不同。

討論至此，通常，物理學家會被不是學物理的人指控「捏造事實」，畢竟，要是宇宙裡充滿了真空能量，為什麼我們沒看見它的存在？更何況這股能量還不小呢！

這個道理，換個方式來解釋或許比較容易了解。假設你有朋友準備搬家，他住在沒有電梯的公寓五樓，自告奮勇幫忙的你只好扛著朋友的衣櫃左彎右拐，從一樓爬到五樓。相信忙了一整天之後，你一定會大嘆，怎麼這麼累啊！可是，你可曾注意到，其實你朋友是住在海拔兩千英呎高的地方？你當然不會注意到囉，因為這個因素根本不會對你造成影響。真空能量就像這個例子裡的公寓一樓，是你所能測得的最低能量，而其他所有能量都是相對於真空能量而成立的。這也就是說，真空能量是你所測得能量的最低值。

　　不過，這仍舊無法證明我們不是在捏造事實。我們只不過說明了，為什麼從沒有人注意到真空能量的存在，也沒有人提出有力的證據，證明真空能量一開始就是真實存在的東西。不過，這點要等到我們論及空間本質時才能夠說明清楚，目前，我們只能姑且相信，接受它是量子力學的一部分，而且或許就像海德一樣，是所謂的必要之惡。

　　因此，由於真空提供了豐沛的能量，根據$E=mc^2$，代表宇宙可以不斷地創造出粒子來，就像一鍋沸水，粒子像泡泡一般冒出來，只不過壽命不長。的確，粒子可以被創造出來，但也很快就會消滅，而且質量愈大，消失得就愈快。

✳ 我可以製造出遠距傳送器，就像《星際爭霸戰》一樣嗎？

　　儘管我們不習慣將電子想像成是波函數，但電子的確是波函數無誤。這意味著，理論上，一粒電子出現在宇宙中任何一處的機率，應該都不等於零，只是在某些地方機率較高，某些地方機率較低。換言之，我們認為不可能的東西，事實上應該重新定義為可能性極低。

　　想像一下，如果倫敦市居民為了捕捉海德，在他時常經過的道路上挖了一個大洞，布置陷阱，一天，作惡多端的海德果然掉了進去。海德雖然想逃出洞外，但由於腿太短，始終無法成功；套句物理學的行話來說，他沒有足夠的能量逃脫。可是誰知道呢？根據量子力學，這個大壞蛋的位置是測不準的，因此，有沒有可能，海德事實上是在洞外頭「被觀察到」的？不無可能。也就是說，其實海

德已經逃脫了。身為一名專業的逃脫專家，海德在一個大家都認為不可能逃得出去的大坑洞裡開挖隧道，成功脫逃。但這裡的「開挖隧道」，不同於古典意義上的「開挖隧道」；他並沒有拿著湯匙在泥土裡挖啊挖的，只是剛剛好出現在洞口外。

但有一點我們必須說清楚。開挖隧道這件事，是偶發的隨機事件，不是海德自己可以決定的。更何況海德的身體體積如此龐大，發生這種事的機率實在是微乎其微，就算等到天荒地老、海枯石爛，還不見得等得到呢。

但另一方面，對於微觀世界的原子等物體而言，這樣的事情不但可能發生，而且幾乎一定會發生。不管是鈾、鈽（plutonium），還是釷（thorium），這些元素雖然可以維持短暫的穩定，原子核內的所有組成粒子都保持固定，但卻無法永遠維持穩定。我們不妨把鈾原子想像成是一粒釷原子核和一粒氦原子核所結合而成，由於兩個原子核之間黏得很牢固，對心智還停留在古典時代的人而言，會認為氦原子（兩者中較輕的）要從中逃脫根本是不可能的事。可是，等一等！在經過四十五億年後，氦原子確實是有機會開挖隧道順利逃脫的，儘管機率微乎其微。

量子力學不但讓我們有機會成為最厲害的逃脫大師，還讓瞬間移動變得可能，而且不用額外付費。理論上，一粒電子的波函數遍及全宇宙，鈾原子或海德先生的波函數也一樣，因此，你或任何一個物體突然被觀察到出現在另一個恆星系裡的機率，事實上並不等於零[6]。

但這並不是你想要的啊！我知道，你想要的，是一部貨真價實的瞬間傳送器，就像出現在《星際爭霸戰》裡的一樣，能讓你隨心所欲將物品在指定的時間送達指定的地點，而不是純粹仰賴隨機因

素。還好，各位很走運，透過量子力學，類似的機器確實有辦法打造出來，但先別急著把你的贈品兌換券放進去，因為，關於其運作原理，有幾點要先提醒各位。

首先，實際上，一部真正傳送器的運作原理並不是把原子從甲地傳送到乙地，而是進行完美的複製。假設今天，你因為膽小而不敢直接對人體進行傳輸實驗，而決定將一個雕像從房裡傳送到另一邊。傳送器的接收器，必須具備一定量的碳原子、鐵原子、鈣原子等等，一切準備就緒之後，發射器會發出訊號，傳達雕像中每個原子的波函數，以及雕像的整體組成等。當接收端將這所有的波函數全都完美地加以複製後，瞬間傳輸便大功告成。

不過，似乎有哪裡不對，這樣做只不過是在**複製**雕像，並沒有加以移動。我們要反問各位：這兩者有何差別？複製後的雕像與原始雕像完全一致，連細微末節也毫無差別，無論是重量還是觸感……。

就物理定律而言，兩座雕像前後**並無**不同，無論是這顆鈣原子或那顆鈣原子，對宇宙而言是完全相同的。更何況，在傳輸過程中，必定會破壞原始的波函數。換句話說，我們的瞬間傳送器並不只是一部傳真機，雖然開始是一樣東西，結束時還是一樣東西，只不過會出現在別的地方。

雕像的傳輸是如此，那如果傳輸的對象是人呢？比方說你？經過傳輸後的你，絕不會和原來的你有所差異。畢竟，所謂的「你」，不過是全身上下幾萬億個原子的波函數總和罷了。這些原子不僅攜帶了關於你外貌的密碼，還攜帶了你所有的記憶。原始版本的你，在複製過程中已遭破壞，自然不會有另一個「你」出現，和你爭奪本尊身分。

以上所述，似乎美好得令人難以置信（或詭異得令人不敢相信），但確實如此，沒有半句假話，只不過有幾個細節必須澄清。本章到此所談的都是個別原子的波函數，但是在現實生活中，由於兩個原子會產生互動，因此應該以兩個有互動原子的綜合波函數來進行描述較為恰當。在物理學上將這兩顆互動的原子稱為處於「量子糾纏」（quantum entanglement）狀態；所謂量子糾纏，就是只要知道某顆原子在量子層次的某些狀態，自然能得知另一顆原子的某些狀態。

其基本程序如下：

一、令A、B兩顆原子糾纏在一起[7]，再將A原子放在遠距傳送器的發射端，將B原子放在接收端。

二、將我們要傳輸的原子，例如C原子放置在發射端，再令A原子對C原子產生干涉。在過程中，A原子的波函數會塌縮，位在接收端的B原子亦同。前面的討論告訴我們，干涉與觀察會對波函數造成影響，因此C原子也會產生改變。也就是說，你要傳輸的物體會在過程中遭到破壞。

三、同樣的情形，也會發生在傳送器的接收端上，只不過接收端是以經過糾纏後的B原子對目標原子D原子進行干涉。B原子的干涉同樣會對D原子造成影響，只是效應恰好相反，於是最後D原子就成功複製C原子原來的波函數。

事實上，遠距傳輸難如登天。直到一九九七年，才有人將一顆光子傳輸成功，原子的傳輸則更到二〇〇四年才首度獲得成功，當時，在好幾個研究團隊的共同努力下，人類終於成功傳輸了原子，然而距離也只有幾公尺遠。既然遠距傳輸如此困難，還不如你直接

把東西搬過去算了。

　　系統愈龐大，複雜度就愈高。今天，連一顆分子的遠距傳輸都已經遠遠超出實驗室能力所及，更何況是更複雜的東西。因此，要對人類進行遠距傳輸，理論上雖然可行，但要付諸實踐恐怕要再等上很久很久。更何況，就算辦得到，我們也不推薦這麼做。

❋森林裡有樹倒下，若沒人聽見，是否發出聲音？

　　我們都是以微粒子為主例，但在論證中並未指出粒子必須微小到什麼程度才會展現量子力學的特性。事實上，我們一直想要論證的就是：這個宇宙基本上是量子世界。想想看，要是量子原則主導著微觀世界，是否表示我們也應該受制於量子原則的約束？

　　這個說法說對也對，說錯也錯。

　　就測不準原理來說，先前在介紹這個原理時，我們不僅僅忽略了一點數學運算，事實上是忽略了所有數學運算，因此在此要補充一個細節：如果粒子的質量愈大，它的位置和速度就更能精準測量出來。

　　例如，假設我們以電子束進行雙狹縫實驗，若兩個狹縫相隔一公釐，則我們可以假設，電子在位置上的不確定性約為一公釐，這是因為我們並不確定電子會通過哪一個狹縫。經過計算，我們發現，電子在速度上的不確定性，大約為時速一英哩的十分之一。這個數字不大，重點是可以測量得到。

　　要是海德殺了人，正逃離案發現場，我們測量他的速度，並且準確度在時速一英哩的十分之一以內。這樣的準確度，可能比世上任何既有的測量儀器都還要準確許多。再者，我們對海德速度的

測量，無論再怎麼準確，也只能準確到某種程度，也就是說，他的位置必定存在了某種程度的不確定。實際上來說，海德位置的不確定性，就等於一粒原子核大小的幾億兆分之一。在更小的測量規模上，海德會表現出波的行為。但是，由於海德本身比這個規模要大出許多，因此在任何合理的情況下，他應該都不會展現出類似粒子的行為。換句話說，像傑柯和海德、你和我的宏觀物體，要表現得跟量子物體一樣，機率可以說是**微乎其微**。

討論至此，我們不妨回頭去看看本章第一頁所提出的問題：薛丁格的貓究竟是死是活？這個古典的思想實驗，如今已成為眾所皆知的命題。

假設，我們的冷血殺手海德先生，把一個裝有毒藥的小玻璃瓶放入盒子裡，同時盒子裡還有一顆具有放射性的原子，經一段時間後就會衰變，使小瓶子裡的毒藥釋放到盒子中。但要是沒有產生衰變，毒藥就不會釋放出來。接著，海德抓起一隻貓，放進盒子裡，蓋上蓋子[8]。

當原子衰變所需要的時間過去以後，請問，盒子裡的貓是生是死？

這個問題，最早是薛丁格在一九三五年於一篇很長的技術性論文裡順帶提出的，當時並沒有太多著墨。薛丁格的貓這個謎，雖然不能告訴我們如何製造量子電腦或微晶片，卻的確激發我們對宇宙的真正本質產生更多疑問。結果，想要毒死貓不只有一種方式，或者說，下毒的詮釋不只一種。

1.哥本哈根詮釋

一九二七年，量子力學的兩位開山祖師──波耳和海森堡，設

關於量子物理的最新實驗

立了早期的觀點，後來演變成量子力學的哥本哈根詮釋（Copenhagen interpretation）。基本上這就是我們在本書中至此所一直抱持的假設：

一、系統可以波函數完整描述。

二、波函數指出某些測量只是機率性的。

三、一旦我們著手測量，波函數就會塌縮，得到的只是一個沒有意義的數字。

接下來我們要介紹其他幾種看待事物的方式，現今物理學家認為哥本哈根詮釋是最受人認可的，這主要是因為，哥本哈根詮釋讓我們在進行大多數運算時，並不需要多花腦筋去思考這些運算的意義[9]。

不過，就算是哥本哈根詮釋的支持者**之中**，對於哥本哈根詮釋確實的意義，仍存在一些歧見，譬如波函數是真實存在的東西嗎？一個系統裡是否唯有實物才是我們真正所要觀察的？但在我們看來，諸如此類的問題只不過是吹毛求疵而已，私底下我們比較認同大衛‧默明（David Mermin）的看法：「如果非得要我用一句話總結對於哥本哈根詮釋的理解，那應該是：『閉上嘴，乖乖去計算便是！』」

更重要的是，為何我們對一個物體的觀察會**造成**它的塌縮？我們的肉體，說到底也是由原子、粒子所組成的，因此自然也會受制於量子力學定律。究竟宇宙要如何得知從測量前充滿種種可能性的狀態，塌縮成測量後的確定狀態？

波函數的塌縮，還可能會造成一種更糟糕的後果。還記得前面說過，一個人的波函數，實際上可以延展到其他恆星系，因此要把一個人從甲地傳輸到乙地，在技術上是可能的。這樣說來，當你在地球上被觀察到時，便意味著你的波函數塌縮了，也就是說，你的波函數在某個地方消失了。無論這件事是否令你困擾，你都不應忽視，因為這正意味著，此處所發生的行為，會對遠在數光年外的某件事物造成立即性的影響，也就是說，有東西的速度比光還快。

好吧，姑且不談這些問題，讓我們回頭看看波耳當初是怎麼說的。薛丁格的貓究竟是生是死？關於這個問題，哥本哈根詮釋的回答是：「死了！」

現在認真一點。

好吧，其實哥本哈根詮釋會回答：「既生又死。生與死，各有一定的可能性。只要打開盒子，就會使波函數塌縮，可能性就會受到觀察。」

什麼？太荒謬了！一隻貓怎麼可能同時既生又死？但這正是薛丁格理論的重點[10]。

讓我們用量子力學原理來檢視本文開頭這個古老的謎：森林裡有樹倒下時，要是沒有人聽見，那麼它到底有沒有發出聲音？根據哥本哈根詮釋，答案應該是「沒有。我們甚至可以說，除非有人提出觀察證據，否則這棵樹就沒有倒下。」樹這麼大，還會因為有否被觀察到而受影響，這聽起來實在荒唐。的確。可是，一棵樹跟一隻貓的差別有多大？一隻貓跟一個原子核的差別又有多大？

儘管不是所有哥本哈根詮釋的信徒們都同意，但波耳認為，一個有意識的觀察者，具有舉足輕重的影響。如果把薛丁格的貓換成薛丁格的研究生，基於研究生較貓更能進行有意識的觀察，這點是毋庸置疑的。於是我們要問，人們的觀察為何如此重要？

從哲學的角度言，哥本哈根詮釋所面臨的最大挑戰，可以用下面的問題加以總結：科學家知道什麼，跟宇宙知道些什麼，兩者有何差別？

常識告訴我們，在薛丁格的貓例子裡，差別很顯著。不管科學家知不知道，但宇宙必定知道貓是死是活。但哥本哈根詮釋在某種意義上卻告訴我們，在打開盒子以前，宇宙是否知道貓的死活，這件事並不重要，因為它改變不了任何可觀察的事物。

但這裡有些不對勁。一方面，我們已經透過雙狹縫實驗得知，對電子進行直接或間接的偵測，能迫使它從不確定的狀態變成確

定,並表現出類粒子的行為。但要是我們不觀察電子,電子就會同時穿越兩道狹縫。換言之,唯有當我們有膽識去看,電子才會「選擇」其中的一條路走。

這樣的話,薛丁格的貓又有什麼不同?它不過是一個比較複雜的系統,除了一粒電子、核反應材料、一瓶毒藥,還有貓身上數不清的原子。如果我們固守傳統的力學觀,就無法對宇宙得到一個令人滿意的解釋,所以我們必須放大視野。

無論宏觀抑或微觀,宇宙中的所有粒子都會產生互動,因此整個宇宙——包括科學家和科學家所使用的儀器——就是一個超巨大的波函數。這個結論最終使人毛骨悚然,因為這意味著,所有的觀察、感受和行為,只是多種可能性的組合之一,只不過某些可能性的發生機率較高而已。

個人而言,對於如此夢幻般的重疊(superposition)宇宙,覺得很不舒服,因此我們寧願相信,宇宙的實相,是由意識所塑造出來的[11]。

2.因果詮釋,或,你丟了一粒波姆(Bohm)在我身上

如果你覺得哥本哈根詮釋使你覺得很困擾,別擔心,關於量子力學還有別的解釋,而且用的全都是一樣的方程式,或最起碼會產生同樣的結果[12],然而,對於實際發生的事情,卻提供**差異頗大**的看法。換句話說,我們無法透過實驗來決定哪一種解釋才正確,關於這方面的討論,已經涉及哲學層次。

一九五二年,聖保羅大學(University of São Paulo)的大衛・波姆(David Bohm)提出了對量子力學的因果詮釋(causal interpretation)。對於薛丁格的貓「半生半死」這樣的答案,他深

感不以為然。他認為，所有我們剛剛討論到的不確定的事物，如位置、速度、貓的生命徵象等等，事實上完全都是確定的，**只不過**[13]（這個「不過」非常重要），粒子和宇宙本身雖然知道這些確定的值為何，但**你**不見得知道。

波姆認為，在波函數之外，一定還存在了什麼「隱藏變項」（hidden variables）。同樣抱持這種看法者不僅只波姆一人，例如，愛因斯坦就對量子力學所隱含的意義深感不安，他很早就對「隱藏變項」學說表示支持。

根據波姆的觀點，隱藏變項包含了諸如位置和速度等值，這些值在一般量子力學中被認為是不確定的。我們可以想像成在波浪起伏的海上騎水上摩托車衝浪，無論在什麼時間點，水上摩托車應該都是以特定的速度和位置上移動，然而，當你試圖要測量水上摩托車的位置時，它就會跳上跳下、顯得很不穩定。同樣的道理，在因果詮釋裡，波函數會「驅使」粒子，因此要是我們進行雙狹縫實驗，電子的路徑就會出現近乎隨機的波動模式。

因果詮釋可以絕對滿足一個要點，那就是世界上有一個絕對的實相，即便我們不必然明白這個實相在時刻之間的變換，或者電子究竟是在什麼地方。所以，事實上根本就沒有海德先生，他只不過是傑柯博士偽裝成的[14]。

再者，因果詮釋還可以順利避開哥本哈根詮釋所面臨的棘手難題。波姆認為，根本沒有所謂的「波函數塌縮」。我們在進行測量時，不過是找出粒子一直以來所在的位置，因此粒子的波函數從沒有塌縮。我們的觀察的確會對粒子造成影響，但這個影響則完全符合我們源自於古典物理的直覺。

我們先前曾提過，因果詮釋所得出的結果，和一般量子力學所

得出的結果並無二致。這是優點也是缺點。跟哥本哈根詮釋一樣，波姆的因果詮釋也得到同樣的結論，就是訊號發送的速度有可能比光還快（儘管可能性很低）。

儘管在正常的情況下，波姆的觀點和古典的量子力學一致，但有一點要提醒各位。截至目前為止，我們都假設低能量和粒子已經存在了好一段時間，但是在許多情況下，這個假設並不適用，更何況，我們還有一些問題尚未得到解決，譬如，粒子是怎麼產生的？當物體以接近光速前進時，會發生什麼事？一般的量子力學已擴展層面來回答這類問題，但波姆的觀點卻沒有，也就是說，波姆的觀點並不能解釋「粒子如何形成」等重大問題；或許有一天可以解釋，但仍有待時間證明。

現在，我們的討論應該就此打住，畢竟，還有隻貓的性命要顧呢！根據波姆的因果詮釋，薛丁格的貓是生是死？

基本上，波姆告訴我們，他不知道，但貓要不是活著，要不就是死了，**一定**只有這兩個答案。我們還沒打開盒子，但只要盒子一打開，答案就揭曉了。

什麼？「我不知道，要檢查看看。」多無趣的回答啊！的確，這答案是很無趣，但相較於「既生又死」，起碼這個答案不會使人一頭霧水。

3.多重世界詮釋

既然宇宙可以變成這個樣子，也可以變成那個樣子，為什麼最後會走上某條特定的路呢？這實在令人深感不滿。一九五七年，美國國防部的修・艾佛雷特（Hugh Everett）提出了「多重世界詮釋」（Many Worlds interpretation）。

　　艾佛雷特假設，每個隨機事件（如電子穿越的是A狹縫還是B狹縫），都會產生兩個不同但平行的宇宙，這兩個宇宙的唯一差別在於，在其中一個宇宙中，電子穿越了A狹縫，而在另一個平行的宇宙中（或許就是我們所在的宇宙），電子則穿越了B狹縫。長久下來，由於宇宙不斷分裂，將近無數次，於是製造出數量龐大的平行宇宙。

　　但根據艾佛雷特的看法，平行宇宙之間可能會互相干涉，從數學的角度看，這與一般量子力學所描繪的情形幾乎一致。例如，若我們想想雙狹縫實驗中的電子，在我們的宇宙中，若這顆電子穿越的是左邊的狹縫，在其他的宇宙中，這顆電子則可能穿越右邊的狹縫。由於不同宇宙的波函數會互相干擾，因此如果我們以許多電子重複同樣的實驗，就會得出我們在前面所看到的多重光影圖案。

　　在這個例子中，同樣的，海德先生也不存在，只是每一個宇宙都有一個傑柯博士進行著相同的實驗，而這許多的傑柯博士彼此之間產生了干擾。

　　會分裂的不僅是粒子，你也會分裂。試想，十分鐘後的你，將可能變成很多種不同的樣子，那麼你最後究竟會變成哪一種樣子呢？答案是所有的樣子。但是無論你將來變成什麼樣子，那個未來的你，都只能夠記得發生在自己世界裡的種種。這意味著，有某個「你」正在某個宇宙裡當電影演員，有另一個「你」則在另一個宇宙裡設計太空船[15]。只不過，每一種可能性的發生機率並不相同。

　　由於艾佛雷特創造出無數的宇宙，因此他必須要付出一個代價，就是要為薛丁格的貓提出一個安撫人心的答案。跟波姆一樣，艾佛雷特大概會說：「我不曉得。貓要不是死了，要不就還活著，要找出答案只有一個方法，就是打開盒子。但打開盒子只會顯示答

案，卻無法改變現實。」

　　這個答案，跟採用因果詮釋宇宙的答案基本上是一樣的，只不過裡面有一個扭曲：如果盒子裡的貓還活著，只代表在我們這個宇宙裡貓是活著的，但是在其他許許多多的宇宙裡，這隻貓可能已經死了。

　　原來，所謂的「現實」，僅是一種「在地」的現象。

註解

1　要是你往下看，發現自己只穿了條內褲，那麼你大概又在做同樣的夢。

2　就像在你參加畢業舞會前在臉上冒出的那顆青春痘一樣。

3　例如《綠巨人浩克》（The Incredible Hulk）就是這樣獲得超能力。而《驚奇四超人》（The Fantastic Four）則是因為宇宙射線的關係（下一章會談到）。

4　我們的意思不是說：「禮拜六晚上一個人待在家」這句話有必要另外解釋。總之，好好享受這本書吧，書呆子。

5　講得更精確一點是動量（momentum）。但要是你對物理學的認識已經熟稔到可以分辨速度和動量，下課後麻煩你留下來清理板擦。

6　儘管如此，這個說法對物理學家而言意味著機率極低。此外我們還會用 nontrivial 一詞表示「近乎不可能」。

7　下一章會告訴你要如何辦到。

8　容我們提醒各位，薛丁格本人從未做過這個實驗，這個想法只是為他的天才更加錦上添花。

9　因此我們可以偷懶。畢竟，誰不喜歡偷懶呢？

10　薛丁格之所以設計出這個貓在盒子裡的實驗，就是在暗地裡嘲笑哥本哈根詮釋。

11　「唯我論」者們，接下來可得仔細聽囉。

12　不相信的話，歡迎查證，以免認為我們信口開河。

13　只是我們不確定混音老爹（Sir Mix-a-Lot）會不會喜歡就是了。

14　《史酷比》（Scooby-Doo）的編劇們，這個情節，用在你們的劇本裡，應該不賴吧！

15但情況也可能更糟。譬如，在另一個宇宙裡，你可能正在電影院裡講手機，或從捐獻箱裡撈了一大把零錢放到自己口袋，害我們不敢再看你的眼睛。

隨機性

「上帝會與宇宙玩擲骰子遊戲嗎？」

布朗郭德家族
左起：戴維，梅蕙絲嬸嬸，赫曼表弟，傑夫，
路易叔叔，外甥布來恩

　　關於近代物理學，也許你覺得很乏味，也許你必須背誦許多關於槓桿、滑輪、鐘擺等等的原理或公式，但你起碼知道那些是什麼。可是，二十世紀以後，這所有確定的東西立刻化為烏有。想一想，如果量子力學只在微觀層次上發揮作用，屬於我們人類的宏觀物理世界就可以證實幻想雜誌裡所描繪的畫面，這又有什麼好令人擔心呢？

　　許多人都具有決定論式的宇宙觀，但也不能怪他們，畢竟，生活中所看到的東西，每一樣幾乎都可以靠數學方法或直覺得出正確的預測，至於太過複雜的東西則可忽略不論，不過現在不同了。愛因斯坦相信，這個世界每一樣東西的背後都有隨機的決定性原則可循，因此一切都是未知的預測。如果你知道事物的運作原理，那麼根據物理定律，你自然也會知道最後的結果，這個等式彷彿顯現了宇宙的決定論。不過，「彷彿」這兩個字尚待檢討，而看似理所當然的決定論，也只不過是謊言。

　　在根本的層次上，宇宙不但複雜，而且還隨機到了極點，無論是放射性衰變、原子的運動、物理實驗結果，都帶有一部分的不確定性。說到底，這個宇宙是愛因斯坦最恐怖的夢魘，而隨機性也可能是**你**最恐怖的夢魘。統計思維並非人類天生的本能，如果態勢非常明顯，或可能危及我們的生命時，大腦才可能會提醒我們：「不要用手去戳雷龍，戳過的人都沒什麼好下場，你也一樣[1]。」

　　另一方面，要是你去到拉斯維加斯，碰到一個玩二十一點的賭徒，他已經連續輸了十回合。你問他：「你覺得下一回合你贏的機率有多大？」他可能會告訴你，他就快谷底翻身了，又或者他今天的運氣背到了極點。無論樂觀或悲觀，他都錯了，他下一回合賭贏的機率，與上一回合賭贏的機率一模一樣，都是一半一半。

　　不過因為大家應該沒有把自己的大半人生消磨在賭場裡（希望如此），因此我們要用一個你可能比較熟悉的情境，來介紹隨機性的微妙。為此，我們要向各位介紹布朗郭德（Blombergs）一家人。有一天，布朗郭德一家正在家族聚會，有吵吵鬧鬧的孫子女（很正常），但是在這家人之中，最令人頭痛的人物卻是那些親戚，他們照理說應該明白事理，但不知為何總是頑固拒絕相信隨機性的力量。

　　以這個家的表弟赫曼為例，他天資聰穎，可以做出接收外星人太空船訊號的無線電接收器。他認為美國政府以及科學家，**特別是**美國政府的科學家正在進行一場龐大的陰謀，因此他們會捏造科學數據[2]。由於赫曼相信溫室效應議題，因此如果溫室效應是科學家捏造出來的，會讓他覺得好過一些。在此，我們要澄清一下，以免造成誤會，基本上，科學界已經普遍達成共識，溫室效應的確存在，並且是由人為因素所造成的。然而從公共宣傳的角度看，科學家的說法之所以讓人疑惑，是因為根據科學界的一般共識[3]，未來十年，地球上的平均溫度只會增加攝氏十分之一度。聽起來或許不多，但長此以往卻會對地球上的環境造成致命的衝擊。

　　根據維基百科記載，赫曼所居住的費城，十二月份的平均氣溫在華氏36度左右（約攝氏2度）。但某年的耶誕節，很不巧的，氣候異常溫暖，來到了華氏50度（約攝氏10度）。當赫曼表弟碰到這種狀況，他就會停止寫信向政府抱怨，並大方承認，沒錯，從他的觀察，溫室效應**好像**真的存在。可是，我們並不希望赫曼僅僅因為某次的測量結果就驟下結論，為什麼呢？原因如下。

　　一個地方的氣溫，有時候會高於平均，有時候會低於平均，這是很正常的現象。如果變化幅度夠大，我們根本不會去注意這一

年和下一年的微妙氣溫差異。事實上，氣溫比平均值高15度並不罕見，比平均值低15度也不奇怪，但如果費城明年遇到**寒冬**，十二月份的氣溫普遍只有華氏20幾度，赫曼表弟就會一口咬定，溫室效應的話題已經炒過頭，根本不值得大驚小怪，然後就會回頭去做他的錫箔帽，以免被外星人洗腦。因為他把注意力焦點放在個別的日子上，而非一般性的趨勢，所以他看不見問題。

承認吧，你也犯下過類似的錯誤，而且嚴重程度恐怕有過之而無不及。

不過，赫曼表弟就算不再擔心我們的星球未來將會面臨怎樣恐怖的浩劫，他擔心的事情還是很多。例如：杯子水裡的那些小粒子為什麼總是跑來跑去？他可愛的中子寵物能維持多久壽命？或許這些事情從來沒讓你擔心過，但都受到隨機性的影響。

✷ 物理世界若真難以預料，為何看來並非如此？

在赫曼的家族裡，在遙遠的遺傳基因池的陰影邊緣，還有一個遠親路易叔叔。路易叔叔自有他與眾不同的親切可愛，譬如老愛講黃色笑話，喜歡叫小朋友拉拉他的手指頭等等，而且路易叔叔的姪子和姪女們能順利唸完大學，都要歸功路易叔叔能從耳朵後頭變出學費。但路易叔叔有一個致命的缺點，就是嗜賭如命。而且，他什麼都能賭，無論是電影的結局，還是哪隻寄居蟹跑得快，任何你想得到的東西都可以拿來當做賭注。有一天，路易叔叔和戴維成功躲過了梅蕙絲嬸嬸的監視，在家中的娛樂室玩起了一個無傷大雅的擲硬幣遊戲。畢竟硬幣是公平的，不會有什麼害處吧。

為了解這個遊戲，我們有必要解釋一下什麼叫「公平的硬

幣」。假設，我們將一枚硬幣投擲一百萬次，最後，這枚硬幣出現臉孔朝上的次數應該**接近**半數，且投擲的次數愈多，臉孔朝上的次數就應該為50%。硬幣的公平與否還有一個要件，就是每次的投擲都是獨立事件，不受上一次投擲結果的影響。也就是說，無論上次投擲結果是臉孔朝上還是反面朝上，在下一次的投擲裡，臉孔朝上和反面朝上的出現機率應該完全一樣。

但，重點來了。我們知道，在經過一百萬次的投擲後，路易叔叔和戴維的比數應該接近平手，但這裡的平手意義是**比例上**的。如果以實際輸贏的現金來看，可能完全不同。經過一百萬次的投擲，的確，路易叔叔或戴維的獲勝次數，很可能比五十萬次（總數的一半）還要多或少一千次，因此賭贏或賭輸的金額可能差個一千元。要是你覺得奇怪，這多出來的一千塊錢是怎麼來的，建議你讀一讀下面「戴維叔叔的技術專欄」。要是你不覺得好奇，那也沒關係，這部份內容並不是非讀不可。

戴維叔叔的技術專欄：淺談統計學

我們在前面承諾過，會盡量將數學公式量降到最低。這一點，我們在前兩章都已經做到了，但在這一章中卻會涉及很多數學概念，而且我們也相信，讀者裡應該有不少被虐待狂，因此會希望我們給出較多數學公式。「這些數字是怎麼來的？」大家的疑問我們都聽到了，所以，接下來就會談一點數學。

前面說過，只要路易叔叔投擲的硬幣是公平的，那我們應該可以相當準確地預估，硬幣出現臉孔朝上的次數應該有將近一

半。那到底是多接近呢？告訴各位一個簡便的原則：將臉孔朝上的結果的期望值，乘以二，再予以平方，就是投擲結果可能出現的範圍。為方便說明，我們在此並不交代這個數值計算是怎麼來的。換言之，硬幣若投擲一百萬次，出現臉孔朝上的次數，應該相當於五十萬次加減一千次。

要是路易和戴維投擲硬幣一百萬次，路易最後可能贏很多錢，也可能輸很多錢。但無論如何，他終究可以安慰自己，他賭贏的次數約為一半。也就是說，就算他賭贏了五十萬零一千次（比半數再多一千次），他賭贏的機率仍然只有百分之五十點一。天啊，這樣不但浪費時間，還是很糟糕的賺賠錢方式啊！

往好的方面想，不管出現什麼結果，機率都是可以預測的。例如，在路易和戴維投擲硬幣一百萬次的遊戲裡，路易（或戴維）的輸贏結果，其機率分布應該如下圖所示：

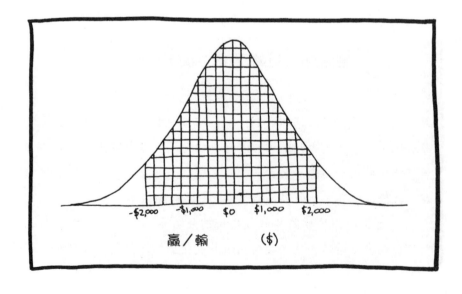

　　機率曲線的所在位置愈高，代表發生機率愈大。其中，又以雙方平手的機率最大，不過，就算幸運賭贏或不幸賭輸了一、兩千塊錢，路易也不會太過意外。至於圖中左右兩端的尾巴則告訴我們，無論是戴維還是路易，賭贏大多數賭局的機率會愈來愈低。路易投擲硬幣一百萬次，有沒有可能每次都臉孔朝上呢？理論上有可能，只不過可能性極低極低，低到連用「無限小」三個字來形容都還嫌誇張。

　　路易和戴維在整個賭局過程中的運氣變化，數學家可能會將之形容為「隨機漫步」（random walk）。什麼叫隨機漫步呢？很簡單，先找到一個固定的點，如一根電線桿，然後投擲硬幣。投擲的結果若為臉孔朝上，則往東走一步；若為反面朝上，則往西走一步。隨著時間的推移，最後，你出現在電線桿東邊的機率和西邊的機率，應該一模一樣，但平均而言，你和電線桿之間的距離也可能愈來愈遠[4]。

　　不過，我們不只是描述路易叔叔的好運氣，還要證明給你看。怎麼證明呢？就來投擲一百萬次硬幣，看看路易的運氣如何。

　　請看上面這張表！起碼在這一場，路易從他那可憐的書獃子外甥手中贏了兩千塊錢。看著路易運氣的起起伏伏，你一定可以看到趨勢。在賭戲進行大約一半時，路易好像真的走運了。但這不是骰子灌鉛或路易作弊的結果，而是大腦天生的運作機制，大腦喜歡找出趨勢，然而趨勢並不見得存在。投資股市的人都知道，每幾個月你都可以從道瓊工業指數的平均值變化裡看到類似的模式[5]。既然股市指數的起伏是隨機發生的，可見預測沒有用，所以我們不該企圖預測市場走向。誠如睿智的莫提麥叔叔（Mortimer）對我們的諄諄告誡：「買入並長期持有。」

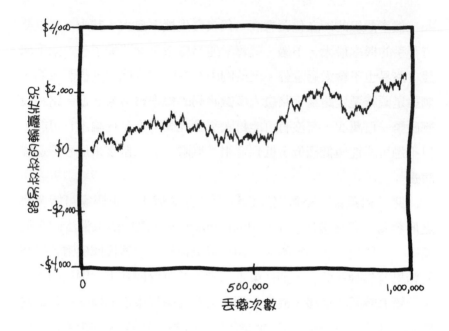

前面，我們幫各位上了一點入門的統計學，因為待會兒會用來解釋一些……連你自己可能都沒意識到的神祕現象。好，回到赫曼身上。他剛剛才得知，這個宇宙處心積慮要陷害他[6]。怎麼陷害呢？當然，赫曼不可能想得到所有的方式，都是可惡的戴維居然趁機惡作劇，讓赫曼今晚又要輾轉難眠了。戴維說：「想想看，此刻你正坐在客廳安靜地寫東西，牆壁裡卻躲了一些隱形人在監視你，忽然，不曉得為什麼，客廳裡的空氣全都跑進了廚房，讓你快要窒息。」聽起來很可怕嗎？事實上，就理論而言，這種情形在實際上並非不可能發生。

「好好想想吧。」說完，戴維屏住呼吸跑出去，留下赫曼一個人孤零零地待在客廳裡。

空氣，是由氧、氮、二氧化碳及其他幾種分子所組成的，這些

分子在四處飄盪時，並不會相撞。這有什麼大不了的嗎？沒有。不過，這也表示，當空氣分子在房間裡飛來飛去時，它們才不在乎其他分子此刻在做什麼。至於某粒分子會出現在客廳還是廚房，機率大約一半一半。

假設，你是這個隨機宇宙的具體化身——「宇宙亂數產生器」（cosmic randomizer），你的任務是投擲硬幣，以決定某個分子在某個時間點的所在位置。如果硬幣臉孔朝上，分子就必須出現在客廳；反面朝上，分子就必須出現在廚房。試問，宇宙亂數產生器是否有可能在客廳裡創造真空？

理論上有可能，但我們敢說，這樣的事應該永遠不會發生，所以各位大可放心。為什麼？因為，假設這兩個房間裡總共「只有」一百萬顆分子（實際上應該多得多，只不過之前用過一百萬這個數字，所以乾脆用到底），那麼平均來說，這些分子應該會有大約一半出現在廚房，另一半出現在客廳（假設兩個房間大小相同）。大多數的時候，出現在這兩個房間內的分子數，佔全部分子數的比例不會超過50.1%，也不會低於49.9%。這兩個數字你應該不陌生，之前戴維和路易叔叔在娛樂室丟硬幣時就已經出現。

老實說，這樣的影響實在不大。但是請記住，這些數字代表的是分子在某特定時間點的數量。這一秒赫曼很安全，但不代表下一秒他就不會死。儘管如此，赫曼其實不用太過擔心。就算他在客廳裡住上一輩子[7]，應該也不會淪落到沒有空氣可吸的窘境。更何況，要是我們將問題放大並囊括較為符合現實的空氣分子數字，會發現房裡空氣的密度，其變化幅度遠低於幾兆分之一。

面對像這種空氣分子數等龐大的數字，隨機性原則的結果，簡直可以說是鐵律。例如，空氣一定會從氣壓較高處流到較低處，直

到兩者達成平衡。討論至此，我們發現，並沒有什麼是事先注定好的，最後的現象，不過是眾多可能性當中發生機率最高者。

但各位並非一定要相信我們的說法。為了更清楚說明，且讓我們介紹下一位人物登場，就是這個家族的外甥布萊恩。布萊恩是個很重要的年輕人，他扮演地下城主（Dungeon Master）的裁判玩家角色，對於擲骰子遊戲非常精通。他很清楚，一粒普通的六面骰子，每一面出現的機率都一模一樣，也就是說，擲出6、5、4、3、2、1的機率都一樣。但要是每次擲的骰子不只一粒呢？骰子的每一面雖然有同樣的出現機率，但其點數**總和**的機率卻不同。

要解釋這一點，我們相信各位都明白會怎樣。於是接下來傑夫決定跟布萊恩賭一把。為了耍帥，傑夫伸手抓了三粒普通的六面骰子，並同時擲三粒[8]。最可能的結果是什麼？傑夫得到的總點數可能是3，但狀況只有一種，就是每個骰子的出現點數都是1。相對之下，總點數為10的機率則高出許多，因為有許多種可能的組合如4-3-3，6-2-2，6-3-1等。三粒骰子都擲出1是在秩序之中，但只在一種情況下才會發生。若為10或11，由於組合方式很多，代表**失去秩序**。

換個方式講，一個咖啡杯摔破的可能性，比完好無缺的可能性要高出許多；一堆撞球任意分布在撞球檯上的可能性，也比整齊排成三角形的可能性要高出許多。一個系統，不管是空氣分子、昂貴的花瓶或宇宙本身，其處在失序狀態下的可能性都要比合乎秩序的可能性要高出許多，也就是說，事物傾向於變得愈來愈混亂、愈來愈隨機。這個原則又叫做熱力學第二定律，它幾乎保證，隨著時間的推移，系統**一定**會變得愈來愈混亂、愈來愈失序。

物理學上有許多原則，都是從熱力學第二定律所發展出來的。

當你在喝一杯冒著煙的熱可可時，熱可可的溫度會從杯子裡流向溫度相對較低的嘴巴。這聽起來或許理所當然，但背後隱含的深遠意義卻叫人頭皮發麻。舉例來說，不管是我們的太陽還是和其他星系的恆星，都不斷地在消耗能量，整體而言，其熱能也不斷地流入宇宙。與此同時，整個宇宙的背景溫度卻只比絕對零度高出攝氏3度。也就是說，宇宙中的每一樣事物，包括行星、恆星、銀河系甚至地球在內，都像是一團燃燒中的火球，隨時都在將熱能吐向太空。由於可能性最高的失序狀態是物質與熱能擴散到整個太空，所以我們的宇宙最後將冰凍而死。

但我們不會告訴赫曼這件事，他連廚房都還不敢踏出半步[9]，不用再拿別的事來嚇他了。

❋碳定年法如何運作？

看來，空氣中的分子似乎是隨機地活蹦亂跳，有時候出現在赫曼家的客廳裡，有時候則出現在廚房裡。我們提過宇宙亂數產生器，講得好像很理所當然，**但可**別相信這些胡言亂語！各位有沒有想過，事物是如何開始出現隨機現象的？

隨機過程（random process）基本上可分成兩大類，第一類的隨機過程，事實上並不隨機，而是預先設定好的，只不過你因為資訊不足或計算速度不夠快，因此無法及早預料到會發生什麼事，所以以為結果是隨機的。以投擲硬幣為例，當硬幣還在半空中打轉時，若你已知硬幣的位置、方向、重量和旋轉角度，以及風的方向和速度，那麼只要將這些資料輸入電腦，理論上應該可以預測出硬幣的投擲結果。要是能夠在近乎相同的情況下不斷重複同樣的實驗，就

宇宙亂數產生器

應該可以一直得到相同的結果。同理，要是我們能製造出一部靈敏的硬幣投擲機器人，相信每次都可以得出臉孔朝上的結果。

然而，不管是你拿硬幣的方式、風向和風速，投擲硬幣的力道，以及施壓部位，實際上都存在了高度的不確定性，因此要進行上述計算幾乎不可能。因此，投擲硬幣，可說是天底下最完美的亂數產生器。此外，像是撲克牌順序和俄羅斯輪盤的落點，看起來也相當隨機，但是要藉由它們來產生亂數可能並不恰當，因為我們對這些遊戲的初始條件並不了解。

但硬幣投擲不是原子，更何況，在次原子層次上談隨機性，情

況會變得相當不同。在這樣極端的情況下，宇宙的確是隨機的，並不是只因為我們資訊不足。要是我們將宇宙變成一部電影，在完全相同的情況下播放，根據量子力學，我們最後一定會看到不同的結局。在雙狹縫實驗裡，在我們進行測量之前，電子的確不知道自己最後會穿越哪個狹縫。

量子的隨機性，會出現在各式各樣的微觀現象裡，而其中最基本也最叫人擔心的，就是粒子的放射性衰變，也是傑夫一開始和赫曼談話的主題。赫曼對放射性衰變這個課題深感憂心，就像擔心加氟的自來水可能添加控制心智的物質一樣。不過，水能載舟、亦能覆舟，放射性衰變既可以用來為惡，也可以用來行善。

放射性衰變會發生是因為，並不是所有原子都是穩定的。在自然界的趨勢中，系統會趨向最低能階的可能性。有時候，一粒原子要是放著不管，久而久之，這粒原子就會瓦解成更小的單位。過程中，原子會藉由輻射而喪失質量，這是種有害的釋放過程，如果輻射所含的能量夠大，甚至可能造成相當嚴重的傷害。

接下來，讓我們回顧一下第二章的挖隧道例子。時間充足的情形下，鈾的同位素鈾238，會衰變成一顆氦原子核和一顆釷原子核[10]。平均而言，鈾238需要等上45億年，才會有半數的原子產生衰變（大約相當於太陽的年紀），這就是放射性衰變的半衰期（half-life）。換言之，要是你有一塊品質精純的鈾238，放著不管它，45億年後再去檢查看看裡頭還剩下什麼，**你會發現大概還剩下一半是鈾**原子，另一半則變成其他東西。變成了什麼東西呢？多半是鉛，因為，鈾變成釷之後，釷原子本身也不穩定，平均不到一個月就會衰變成鏷（protactinium）。鏷的半衰期就更短了，幾分鐘後就衰變成鉛。相形之下，鉛的穩定度則高出許多，其半衰期比宇宙的預估壽

命還要長。

一個元素衰變成另一個元素，這個過程並不是漸進的，而是瞬間發生的，基本上並不花費任何時間。但鈾原子並不知道要等待多久才會衰變，也沒有任何時間表。但假想一下，有個宇宙亂數產生器盯住一粒鈾238原子，並每秒擲一次骰子，這粒骰子總共有幾億兆面，要擲出1鈾原子才會發生衰變。於是亂數產生器擲了一次又一次，數不清的次數，但什麼事情都沒發生。最後，在毫無預警的情況下，它擲出了1，代表原子的穩定性將出現致命的危機，**砰！**衰變發生！假設宇宙中每顆鈾原子的衰變都是由宇宙亂數產生器所決定，那麼，四十五億年後，這些原子大約有一半仍為鈾原子，另一半則已經衰變，只是無法預測哪些原子會衰變，哪些不會。

這樣的概念可以應用在許多方面，例如，當宇宙射線進入地球的大氣層上層時，會製造出碳14，並漸漸進入空氣中。所有吸取碳元素的生物，包括動植物，都會吸取碳14，以及較為常見的碳12。碳14和碳12在生物體內的比例，與大氣中的比例是相同的。

是的，相同，在我們死掉以前。

但死去以後，我們身上的碳14就會開始衰變，以半衰期約五千七百年的時間衰變成氮。任何曾經活過的生物，或用曾經活過的生物做成的東西，由於其中的碳14會衰變，而碳12卻相當穩定，因此只要測量這兩者的比例，再與地球大氣層內的比例做比較，就可以估算出這樣東西死去了多久。碳定年法（carbon dating）是個很有效的工具，在考古學和古生物學上都得到廣泛的運用，但各位要知道，這方法基本上源於量子力學[11]。

在此，我們沒有提出證據就大膽宣稱，原子的衰變基本上是隨機的（跟其他所有量子現象一樣），原子並無法事先得知自己何時

會衰變，這種不確定性令人深感不安，要是我們能修正系統，去除掉這樣的不確定性，這個宇宙住起來應該會更叫人安心。問題是，我們辦得到嗎？

※ 上帝在跟宇宙玩擲骰子遊戲嗎？

愛因斯坦不喜歡「大自然的運作是隨機的」這件事，因此他曾說：「上帝不跟宇宙玩擲骰子遊戲。」這句名言各位應該都聽說過。從科學的角度看，愛因斯坦的態度似乎太過保守，不禁令人聯想起從前那個用水蛭進行放血治療的時代，人們相信有以乙太體存在，並恐懼害怕巫師巫婆。愛因斯坦認為，只要對宇宙了解夠仔細，就能**精準**預測宇宙的未來。

愛因斯坦協助建立量子力學，照理說決定論式的宇宙觀應該會因此崩潰，但愛因斯坦並沒有力薦量子力學。儘管如此，愛因斯坦**畢竟是**愛因斯坦，要是他對你的理論有意見，恐怕不會善罷甘休。有好長一段時間，波耳[12]一直有能力招架愛因斯坦一連串的質疑，但到了一九三五年，愛因斯坦和普林斯頓高等研究院的同事玻理斯·波多斯基（Boris Podolsky）和納森·羅森（Nathan Rosen）總算找到了一個永遠無法破解的量子力學悖論。總之，愛因斯坦千方百計就是要證明，上帝不會跟宇宙玩擲骰子遊戲。

這並不只是個哲學性的爭論。放射性衰變或粒子位置的測量，可能真的是隨機，也可能只是看似隨機。問題是，我們有辦法證明嗎？有的，但在我們介紹EPR悖論（上面愛因斯坦三人姓氏的縮寫）之前，為方便說明起見，且讓我們舉個具體的例子。假設，布萊恩、赫曼和戴維一邊吃著梅蕙絲嬸嬸做的美味沙拉，一邊討論說要

製造一部「糾纏機器」（entanglement machine）。

　　這部機器可以用來測量所有基本粒子都具備的自旋（spin）特徵。自旋的粒子，會產生一個小磁場。我們知道，磁鐵和磁鐵會互相作用，因此要測量一粒電子的自旋方向，只要拿一條磁鐵從電子旁邊刷過去即可。

　　不過，自旋比你所想像的還要詭異許多。要是轉動一粒呈某方向自旋的電子，自旋情形就會變得跟原來不同，轉動兩次以後，其自旋角度才會恢復到原來的狀態。量子世界經常把人搞得一頭霧水，這又是另一例證。

　　布朗郭德一家人能夠把磁鐵放進自旋偵測器中，我們可以將之任意旋轉。若將磁鐵以垂直方向握住，可以測量粒子的旋轉是朝上或朝下；若是水平方向，則可以測量粒子的旋轉是朝左或朝右。在這邊的討論裡，自旋的特性特別有所助益，因為一個系統裡包含兩個粒子，且自旋方向可以互相抵消。也就是說，若一粒子的自旋方向朝上，另一粒子必定朝下；若一粒子的自旋方向朝左，另一粒子必定朝右，這便是所謂的「量子糾纏」，也就是說，只要知道一粒子的量子特性，我們就能掌握另一粒子的量子特性。

　　在我們的糾纏機器裡就運用這種自旋特性。機器中央有一個槽，每隔一段時間，我們就製造出一粒電子與它邪惡的反粒子──正電子，這兩粒子的自旋角度永遠相反。接著，電子會通過一條長長的管子，輸送到左邊的槽，布萊恩在這裡設了一個小自旋偵測器；而正電子則飛向右邊，那裡有赫曼的偵測器。自旋偵測器裡面有個磁鐵，可以偵測出電子或正電子的自旋方向。為避免讀者被上下左右等方向搞混，我們在偵測器上還做了一個設定，電子自旋方向朝上時，會亮綠燈；自旋方向朝下時，會亮紅燈。赫曼偵測器的

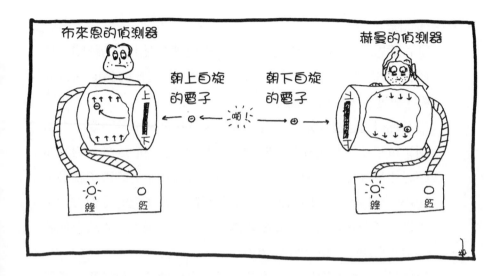

設定則恰恰相反，正電子自旋方向朝上，紅燈亮起；自旋方向朝下，綠燈亮起。

　　這兩部偵測器初始的方向都設定成上下（見上圖），會射出許多成對的電子和正電子對。在一次又一次的實驗裡，每當布萊恩看到綠燈亮起（即電子朝上自旋），赫曼也看到綠燈亮起（正電子朝下自旋）；每當布萊恩看到紅燈亮起，赫曼也看到紅燈亮起。

　　聽起來似乎沒什麼大不了的，因此，我們可以想像，要是把糾纏機器裡的電子和正電子用白彈珠和黑彈珠來替換，結果也會相同。當布萊恩拿到白色彈珠時，他連想都不用想就知道，赫曼一定拿到黑色彈珠，也不用請叔叔幫忙查證。但量子力學中的哥本哈根詮釋並非如此認定。在量子的世界裡，在布萊恩動手測量電子的自旋角度之前，電子的自旋角度是同時朝上又朝下的，直到布萊恩測量之後，電子才會「決定」方向究竟是上**或**下，而這正是愛因斯坦**最終**認為的最大疑點所在。愛因斯坦認為，只有兩種可能性足以解

釋這種狀況：

一、當布萊恩的電子或赫曼的正電子從中央槽發射出去的瞬間，我
　　們完全沒辦法得知，電子或正電子會以什麼樣的角度進行旋
　　轉，就連老天爺也不知道。

　　但不曉得為什麼（這正是愛因斯坦所祭出的致命的一擊），這
　　兩顆粒子竟然能夠**在同一時間**決定要朝什麼方向旋轉。假設布
　　萊恩比赫曼提早一毫微秒進行測量，那麼布萊恩的電子就必須
　　在那一毫微秒內發出訊號，通知赫曼的正電子它的旋轉方向。
　　可是，電子和正電子彼此相隔遙遠，意味著兩者間的訊息傳遞
　　必須非常快速，甚至比光還快。

　　這便是所謂的EPR悖論。倘若粒子的自旋角度（包括所有量子
　　測量，以及前面提過的貓咪生死）果真是隨機的，那麼粒子的
　　訊號傳遞速度就必須比光還快。即使你在第一章沒學到任何東
　　西，你的直覺也該告訴你這是不可能的。

二、愛因斯坦提出的另一種解釋是，電子和正電子其實一直都「知
　　道」自己會選擇什麼方向自旋，只有做實驗的布朗郭德一家人
　　不知道這個大秘密。

　　愛因斯坦等人表示，這個現實世界，除了我們直接測量到的數
　　字外，一定還存在了一些什麼，愛因斯坦稱之為「隱藏參數」
　　（hidden variables）。覺得這個字眼很熟悉嗎？沒錯，第二章
　　曾經提到，即使到了二十世紀中葉，量子力學中的哥本哈根
　　詮釋，仍然讓很多人覺得渾身不自在，而愛因斯坦的「隱藏參
　　數」則形成了波姆「因果詮釋」的核心。基本上，愛因斯坦是
　　說，宇宙都知道答案，只是物理學家還不知道如何解答。

　　根據直覺，二、的解釋看起來好像比較正確，而這也是愛因斯坦在這場大辯論中最愛祭出的武器。然而，直覺並不一定正確，有時也會讓我們失望。我們需要用實驗方法作為判別。愛因斯坦對量子力學的質疑雖然重要，卻有大約三十年的時間延宕而沒有驗證。儘管如此，從某些方面來看，這其實是件好事，因為這意味著，愛因斯坦的隱藏變項理論和隨機的宇宙觀，兩者一定有一個是對的，畢竟，在大多數計算下，兩者所產生的結果完全一致。

　　不過，一個隨機的宇宙，和一個由隱藏變項所掌控的宇宙，兩者的表現則截然不同。一九六四年，任教於史丹福大學的約翰‧貝爾（John Bell）提出一個「貝爾不等式」（Bell's inequality）標準，用來決定宇宙究竟是否隨機。雖然這個不等式用了不少數學，但我們可以透過建造一部「局域實境機」（local reality machine）來了解這個不等式的精髓所在。你可以在本章末找到關於這個不等式實驗的進一步解說，簡單來說，貝爾不等式的基本宗旨是，若布萊恩和赫曼以隨機方式決定偵測器的定位方向，並進行電子和正電子實驗許多許多次以後，根據愛因斯坦的隱藏變項理論，兩個偵測器出現同樣燈號的次數會超過一半。相對的，若哥本哈根詮釋為真，兩個偵測器出現同樣燈號的次數則應**正好等於**一半。

　　不過，雖然有了數學方程式，但礙於技術問題，有將近二十年的時間，這個實驗一直沒辦法付諸實踐。一九八二年，阿蘭‧阿斯拜克特（Alain Aspect）等人製造出一部很像實境機器的設備，EPR悖論才得以付諸檢驗。結果顯示，兩邊偵測器出現同樣燈號的次數正好是一半，也就是說，哥本哈根詮釋勝出，電子的特性不如愛因斯坦所預期，並沒有表現出預先設定好的情形。

　　然而，詭異的是，這因此表示，當我們在測量一粒糾纏的電子

自旋時，與之相糾纏的正電子，**會被迫**表現出相反的自旋狀態，**而且反應速度比光還快**！你覺得這太瘋狂了？沒錯，連愛因斯坦本人都曾經用「遠距詭異行動」來形容。不過，先別慌，我們不需要因此就徹底揚棄整個相對論，只需要做一些小小的調整就行。過去我們說，沒有一樣東西走得比光還快。現在，由於我們無法透過量子糾纏將訊息用比光還快的速度傳播到宇宙的另一個角落，所以上述原則應該改成：任何**攜帶訊息**之物，都無法走得比光還快。

看來，上帝真的在跟宇宙玩擲骰子遊戲，但是不要緊，因為對我們大家而言，家族聚會時玩擲骰子的你死我活，才是**最大的不確定性**！

默明的局域實境機

儘管貝爾不等式的推導，需要運用高等數學運算，但是要了解該不等式的重大意義，並不需要了解其複雜的數學原理。只要將布萊恩和赫曼的電子發射器做一點小小的調整，我們就可以製造出一部康乃爾大學物理學家大衛・默明（David Mermin）心目中的「局域實境機」，**再**透過一些簡單的計算，然後你只需問：「一件事的發生機率是否超過一半？」便可決定EPR悖論是否可將量子力學封殺出局。

現在，讓我們姑且假設愛因斯坦是正確的，每一粒電子中都存在一個迷你的小程式在運作著。無論布萊恩和赫曼將偵測器轉向什麼方向，這個小程式都會告訴偵測器該亮紅燈還是綠燈，例如，當偵測器依垂直方向放置時，電子就會令綠燈亮起，當偵測

器依水平方向放置時，電子就會令紅燈亮起。正電子也一樣具有相同的程式。

　　接下來，我們要將電子發射器做點調整，好讓布萊恩和赫曼的偵測器在測量電子或正電子時，能調到**三種**可能的位置。

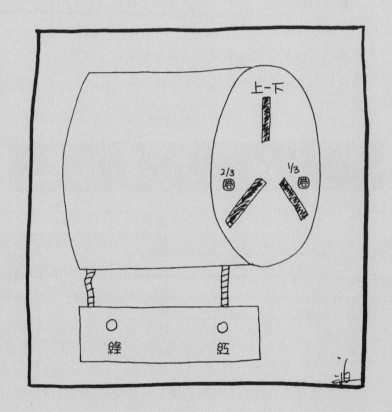

　　這三種位置分別是：A 上下，B 轉三分之一圈，C 轉三分之二圈。

　　我們指定這三種位置是因為，量子力學的預測是很明確的。要是我們重複操作這部實境機，且布萊恩和赫曼每一次都是依隨

機方式選擇位置，那麼，根據量子力學理論，他們出現相同燈號的次數，平均而言應該**正好一半**。

我們知道，對各位而言，「正好一半」這個數據出現得有點莫名其妙，這我們要說聲抱歉。儘管我們希望把每件事都交代清楚，但是在這裡，這「一半」是根據相當複雜的量子力學運算得來的，所以，請各位只好相信我們，詳細方程式就不在此贅述。

那麼，愛因斯坦的隱藏變項理論會預測出什麼結果？在此各位不必盲目相信我們的話，因為電子裡迷你程式的可能性只有以下八種：

	A 上下	B 三分之一圈	C 三分之二圈
1	綠	綠	綠
2	綠	綠	紅
3	綠	紅	綠
4	綠	紅	紅
5	紅	綠	綠
6	紅	綠	紅
7	紅	紅	綠
8	紅	紅	紅

還記得這些迷你程式如何運作嗎？如果愛因斯坦說得沒錯，那麼無論布萊恩和赫曼如何擺放偵測器，電子都必須事先知道要亮紅燈還是綠燈。根據程式設定的不同，電子的型態基本具備以上八種。

由於偵測器只有兩部，因此每次在這八種結果之一，其中只

有兩個變項可被測量，在布萊恩和赫曼選定偵測器位置後，就可以從這八種之中預測所可能會產生的燈光。例如，假設布萊恩將偵測器調整成A的上下方位，在他看到綠燈之後，他並不知道電子的內建程式究竟是綠綠綠、綠綠紅、綠紅綠，還是綠紅紅，但宇宙知道！

當帶有內建八種程式的電子和正電子發射出去以後，這部實境機會發生什麼事呢？有趣的部分來了。如果布萊恩和赫曼以隨機方式決定偵測器的方位，請問他們得到相同燈號的機率為多少？

如果是1號（綠綠綠）或8號（紅紅紅）的情形，情況很單純，無論如何，布萊恩和赫曼在偵測器上所得到的燈號一定相同。「一定」的機率絕對比「一半」為高。

但如果是「綠綠紅」的情況則更加有趣。布萊恩和赫曼的偵測器方位具有九種可能組合：A-A、A-B、A-C、B-A、B-B、B-C、C-A、C-B、C-C。之所以要列出所有的組合是因為魔鬼就在細節中，這九種組合之中有五種情形（A-A、A-B、B-A、B-B、C-C），布萊恩和赫曼會看到同樣的燈號亮起，九分之五，約等於56%，比一半多。

至於另外五種組合（「綠紅綠」、「綠紅紅」等等），情況跟「綠綠紅」一樣，有兩個燈號一樣，一個不同，所以布萊恩和赫曼看到相同燈號的機率也是56%。

在愛因斯坦的理論中，不管電子計畫如何，布萊恩和赫曼看到相同燈號的機率都**超過一半**。然而，若量子力學為真，則他們看到相同燈號的機率則應**正好為一半**。

實驗結果顯示，愛因斯坦輸了。

註解

1 若以創造博物館（Creation Museum）所提供的「創世紀答案」為真，那麼上述情況應該曾在某些穴居人的面前上演過。我們有什麼資格懷疑他們呢？

2 例如三邊委員會（The Trilateral Commission）應該就參與了這項陰謀。是的，他們絕對有嫌疑。

3 也就是「政府間氣候變遷委員會」（The Intergovernment Panel on Climate Change），聽起來很像官方機構。是的，我們確定赫曼一定會把該組織看成是嫌疑人物。

4 這樣做還有一個危險，就是最後可能會變成站在馬路中央投擲硬幣。因此，像這樣危險的實驗，最好還是留給數學家去做就好了。

5 作者在二〇〇九年寫本章節時，股市的整體趨勢看起來就很 $ 不 $ 隨機。

6 至於宇宙幹嘛要陷害他呢？隨便你怎麼猜，我們也不曉得。

7 但這個假設非常荒謬，赫曼自十五歲起就一直住在家中的閣樓裡。

8 要是你曉得三粒六面骰子代表什麼意思，恭喜你，你也許可以大賺一筆了。

9 就算梅蕙絲嬸嬸在廚房裡大談自己的甲溝炎，還不斷對著手中的麵團咳嗽，赫曼還是不敢踏出廚房半步。

10 原子彈和核子反應爐所使用的鈾同位素，叫做鈾235，儘管名稱不同，但鈾238聽起來還是叫人感到很不舒服。

11 如果希望快速讓談話話題冷卻，用這些科學常識是很有效的辦法。

12 波耳同時是量子力學中哥本哈根詮釋的創始者。

4

標準模型

「大型強子對撞機為什麼沒摧毀地球？」[1]

二〇〇八年三月二十一日，瓦特・華格納（Walter Wagner）和路易斯・桑秋（Luis Sancho）兩人為了拯救世界，一狀告上美國聯邦法庭，他們宣稱，預計幾個月啟用的大型強子對撞機（Large Hadron Collider, LHC），將對地球造成重大威脅，因為機器啟用後將在地球上製造出許多小黑洞，這些黑洞聚集在一起，將從內而外吞噬掉整個地球。

抱持類似想法的不只這兩位仁兄。身為物理學家，人們老是問我們，大型強子對撞機會不會摧毀整個地球、甚至整個宇宙？這類問題讓我們覺得好像得了偏執狂，覺得自己是屠害人類的劊子手。在網路上類似的請願盛大崛起，高聲呼籲政府關閉歐洲核子研究組織（法文CERN，即European Organization for Nuclear Research），也就是LHC的母機構。這些請願書，有些的確具有說服力，提出了合理有力的理由，呼籲相關單位進行審慎評估和研究。但大多數的線上請願書，內容看起來都好像是小學生在氣憤之下所發出的手機簡訊，例如：

二〇〇八年九月十日，歐洲核子研究組織將首度使用大型強子對撞機發射。他們說這樣做是基於科學理由，但是，我不知道。要是成功惹，我切定許多科學疑問都可以得到解答，BUT！如果成功的是大型強子對撞機，就算有答案也沒人能知道了。（原始摘錄文，錯字照登）

不僅如此，許多人甚至把大預言家諾斯特拉達姆士（Nostradamus）拖下水，說他早在幾百年前就預言到這場浩劫（儘管這段預言不太客氣）：

IX-044

速速，眾人速離日內瓦，

天空將從黃金變成鋼鐵，

反基督徒將摧毀一切，

在天空現出預兆以後。

不過，如果**每個人**都預見到李安的電影《綠巨人浩克》（*Hulk*）會票房失利，為何諾斯特拉達姆士卻沒有預言到呢。從外觀看來，大型強子對撞機的確像是一部會造成世界末日的機器，它是一個埋在地下的龐然巨物，周長總共17英哩，體積實在龐大，相當於法國和瑞士之間邊境的四倍。這部機器，各位不妨把它想成是一部速度接近光速的怪獸大卡車在進行愈越賽，裡頭的每個粒子，都被加速到接近光速的99.999999%[2]，然後彼此對撞。第一章說過，能量和質量可以互變，因此，在這樣的高速下，會創造出一堆高質量的粒子。大型強子對撞機是科學界近年來在粒子碰撞（particle collision）方面最長足的進展，但有人擔心，這些在對撞之下產生出來的東西，將可能造成人類的浩劫。

並不會。

首先，要知道，雖然粒子加速器（particle accelerator）聽起來很恐怖，但它並不是什麼新穎的科技。任何使用過老式電視機的人，都親眼目睹過粒子加速器的作用。老式電視機用的是令電子加速的陰極射線管，透過調整電子束的位置，很神奇地，螢幕上就出現了會動的、栩栩如生的畫面。大型強子對撞機的作用機制雖然有些不同，但是就像電視，可以啟蒙心智，也可以把人給嚇得半死[3]。

大型強子對撞機屬於哪一種？是人類為了解大自然所邁出的重要一步？還是像希臘神話中的伊卡魯斯（Icarus）一樣好高騖遠，飛得距離太陽太近？我們在追求知識的過程中，是否會因為過於狂妄自大而遭到懲罰？

早期的粒子加速器

　　放心，沒有人會因此而瞎眼。怎麼知道？請各位先靜下心來，解說大型強子對撞機為什麼不會造成任何危險之前，我們應該先設法了解一下人類當初建造對撞機的初衷。

✳我們為什麼需要耗資幾百億建造粒子加速器？

　　在高中物理學裡，每樣事物看起來好像都是由硬生生的原則所拼湊而成，像是碰到滑輪就使用這個公式，碰到斜坡就套那個公式，有加速度就這樣計算等等，許多人之所以對物理學感到退避三舍，原因或許就在於此——光是死記硬背那些運動和摩擦力定律就讓人疲於奔命。

　　真是遺憾，其實，物理學並不如許多人想像的那麼可怕，甚至，物理學追求的目標是公式愈少愈好。但這個意思並不是說，只

要了解這些簡單的定律，進行物理**運算**便是件簡單的事，非也。假設你有個朋友從來沒看過西洋棋，儘管你可以在幾分鐘之內向他解說西洋棋的規則，再讓他觀摩實際的棋賽，但要他在短時間內就變成西洋棋高手，恐怕很困難。

本章一開頭就談到了世界末日，因此氣氛十分凝重，為了提振氣氛，接下來我們要將物理學比喻成運動競賽，就像網球或羽毛球賽等。這些運動競賽的規則都很類似，有兩個或兩個以上的球員站在一道網子的兩側，然後把一顆球打過來揮過去，目標一致皆為：努力讓對手接不到球。

我們的目標是要設法了解這些競賽的規則，或許選擇參加比賽的選手會對球提出一兩點意見。理想狀況是，我們最後發現，這所有看似不同的競賽，其實組成了一個超級運動競賽，就像十項全能運動一樣。物理學家將這些物理學原理分成兩大部分，描述得相當清楚：

一、參賽者：自然界存在許多基本粒子。

二、遊戲本身：自然界存在了四種力，每一種力都有自己的原則，這些原則彼此很類似，不過，並不是所有粒子都會參與這些原則。

把這所有的粒子和原則加總起來，就是所謂的「標準模型」（Standard Model）。標準模型不僅可以用來描述組成宇宙的**物質**，其英文名稱也顯示了萬眾矚目的特質。

且讓我們從最基本的原則開始。所有的物質，基本上都是原子所組成的[4]。這個概念誕生於一七八九年左右，當時，化學家拉瓦節（Antoine Lavoisier）假設，儘管我們可以將物質分割成更小的

物理學家特別喜歡
標準模型模特兒。

單位,但分割不可能永無止盡,到某種程度之後,就無法再分割下去,這時候,所得到的就是物質的最小單位[5]。這些最小單位是「看不見」的粒子,後來被稱為原子,但人類一直都不瞭解原子實際上很小也很緊密,直到上個世紀才解開這個謎。

一九〇九年,拉塞福(Ernest Rutherford)做了一個實驗,將一束稱為「阿爾發粒子[6]」(alpha particle)的粒子束,射向一片薄薄的金箔。結果,大多數的阿爾發粒子都直接穿透金箔,沒有反射,但爾而還是會有粒子被反彈回去,關於這一點,拉塞福說:「這簡直不可思議,就好像你用15英吋的大子彈向衛生紙發射,子彈卻彈回

來打到你自己。」由此可見，今天的物理學家之所以老愛在教科書封面用聳動的標題設計來吸引讀者，好讓物理學變得生動有趣，其實就是受到拉塞福的啟發。

拉塞福當初所發現的原子中心有一團很小的物質，這個物質我們今天稱為原子核。我們說它很小，因為它真的很小。相對於我們在探討宇宙學所用到的極大天文數字，現在所討論的是次原子層級的現象，因此用科學記號（scientific notation）來描述比較方便，所以原子的體積約為整個原子的10^{-15}倍大小，也就是原子的0.000000000000001。具體來說，如果地球是顆原子，那麼原子核的大小就相當於地球上的一間房子。由於原子99.95%的質量都存在於原子核內，因此我們可以說原子裡大部分都是空無一物的。

不過小歸小，原子核終究並非物質的最基本單位。要是你有辦法鑽進原子核裡，會發現裡頭還存有**更小的**粒子「強子」（hadron）；強子又可以分成兩種，大家可能都知道，就是質子和中子。在日內瓦的大型強子對撞機中，實際上被撞擊的就是質子，強子對撞機也因此得名。質子和中子兩者幾乎難以區分，除了以下兩項重要的差異。第一，中子質量比質子多出百分之〇點〇一；第二，質子的電荷為正，中子的電荷為中性（所以才叫做中子）。這裡各位先不需要擔心什麼是電荷，只需要知道，如果你曾經在乾燥的冬日穿羊毛衣，或許就曾經體驗過電荷。

原來，原子裡有99.95%的質量由質子和中子所組成，那麼，剩下的0.05%呢？這0.05%質量雖小，但在整個原子裡佔去絕大空間，那這些東西是什麼呢？答案是「電子」，在第二章我們已做過初步的介紹，在這裡我們還要再加一句：電子是「基本」的粒子之一，不管你怎麼切、怎麼剁，都無法將之分解成更小的單位。

科學博士時間：我們能否發明縮小光，製造出超迷你原子？

　　我們知道，原子裡的空間，絕大部分都是空的。僅管原子裡有原子核和電子，但誠如我們在第二章所讀到的，電子並不像滾球軸承（ball bearing）或水蜜桃果肉（把果核比擬為原子核），而是個很大的機率波。難道，我們不能製造出縮小光（shrink ray）或類似的儀器，讓電子雲變得小一點？這樣一來，雖然物質的質量不會變輕，但起碼我們出門遠行打包行李會變得容易多了。

　　縮小物質會遇到測不準的問題。如第2章所言，若為了製造超迷你原子而試圖將電子塞進一個小空間，根據海森堡測不準原理，電子的能量將會暴增，而脫離原子核電磁力的束縛。

　　因此，總的來說，原子的體積其實是幾個物理常數加總的結果，包括電子電荷、普朗克常數（Planck's constant，這個數字可以告訴我們量子力學的影響範圍）、電子質量、光速。要是可以改變這些基本的物理常數，就可以製造出迷你原子，不過，與其等待這一天到來，不如去買個更大的行李箱還來得容易。

　　具體來說，電子就像質子、中子一樣普通，只是質量很輕，假設有一個體重一百五十磅的人（約68公斤），身上大概只有半盎司是來自於電子（約0.23公斤）。要是你全身的電子都被吸光，失去的重量大略等於挖掉你的兩隻眼睛。就像質子，電子具有電荷，但電荷與質子不同，電子電荷為 -1。一般原子的質子和電子數量相等，由於電荷彼此抵消，所以整顆原子呈電中性。

　　中性或中立並非原子的專利，也不是瑞士的專利，無論宇宙間

的物質是怎麼創造出來的，正電荷和負電荷的數量必定相等，所以整個宇宙的電荷呈電中性——過去如此，現在也是如此。而且，人類有史以來做過的任何一場實驗（不管實驗是在地球上還是在外太空中），都沒有改變過電荷，進而引導我們介紹接下來第一個適用於所有基本「力」的基本定律：

電荷既不能創造，也無法消滅。

大家或許已經猜到，在宇宙的運動競賽中，上演的內容並不只是把質子和電子在不同空間移來移去，以維持電荷不變。以中子為例，中子有點像是在醫院等待看診的病人，如果等待超過十分鐘，就會「爆炸」；這個「爆炸」指的不是病人會對醫療人員大吼大叫，而是真的會炸得四分五裂，釋放出一堆其他的粒子。

在這些釋放出來的粒子之中，最大的是質子。聽到這裡，各位可能會嚇一跳，前面說過，粒子的電荷必須維持不變，但此處重點並非在於其他粒子帶有可以抵消質子正電荷的負電荷，例如電子，**沒錯**，就是電子。

中子在衰變的過程中，會製造出其他東西，但是在繼續介紹之前，有兩點要先提醒讀者。第一，儘管看起來如此，但中子其實並不是由質子、電子和其他粒子所組成的，而是中子會變成質子、電子和其他的粒子。第二，質子和中子的確是由**其他物質**所組成的，至於是什麼，看下去就知道。

稍後我們將會談到其他基本粒子，不過，只怕沒多久，各位就會被我們的「粒子動物園」給搞得頭昏眼花。我們並不要求大家把粒子動物園落落長的清單給背下來，畢竟，基本粒子起碼有十八種，還不包括相同粒子的怪異變種（更何況它們基本上並無不同）。為了服務各位，我們特別編寫了一個附錄，放在本章末，各

位想知道的所有關於粒子動物園的種種都包含在內;別客氣,不用跟我們道謝。

現在,各位對於物質的組成,了解程度應已不輸一世紀以前的人,但我們想要探索得再深一點,以了解物質在根本層次的模樣,這也就是我們需要大型強子對撞機的理由;我們想知道,透過機器,粒子究竟還能撞擊出什麼東西。我們期待,質子最好像糖果盒或視聽社(The A.V. Club,一個關於流行資訊的媒體)的會員,只要用力打下去就會跑出有趣的東西。

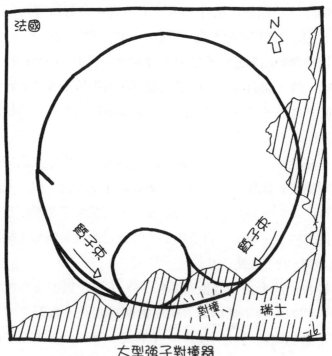

大型強子對撞器

上圖中的環形圓圈就是質子的跑道，粒子加速器會發射兩道質子束，以接近光速的速度彼此對撞。我們在第一章已經得知，要讓粒子以如此快的速度前進，需要很大的能量。根據 $E = mc^2$ 的公式，如果我們擁有大到足以讓兩顆質子加速、對撞並摧毀彼此的能量，則至少可以創造出一萬四千顆粒子。兩顆質子一旦對撞，接下來會發生的事情很難講，但至少會符合我們的第二基本定律：

能量無法創造，也無法消滅。

儘管如此，透過運動，質量可以轉換成能量，這就是粒子對撞機的功用所在。

✴我們如何發現次原子粒子？

將高能的質子對撞，可製造出質量更為龐大的粒子。可是，既然粒子加速器所製造出來的粒子質量很龐大，那我們為何還需要粒子加速器？如此巨大的粒子，照理說應該很容易就發現。

這樣的說法，說對也對，說錯也錯。的確，要是有質量龐大的粒子飄浮在太空中，應該不難找到。問題是，宇宙中的每一樣東西，都傾向於往最低能階流動。例如，若將一顆保齡球放在桌上，由於桌子的高度，賦予球一個高能量，這時推一下，這顆球會從桌上落下，掉在腳邊，達成較低能階位置。由於質能可以互換，意思是說，考慮所有可能性，粒子會從質量較大的狀態衰變成質量較小的狀態，而且發生時間快速，如同我們在第三章所討論的放射性衰變。

大質量的粒子，多半只能維持一秒的一百萬分之一甚至更短的時間，接著衰變成較輕的東西，因此距離宇宙創生大約

一百三十七億年之後，當初所有質量龐大的粒子都已經完成衰變。你或許會以為，宇宙中一切粒子最後都變成我們如今已知常見的質子和中子，但假設往往都不是正確的。

宇宙中隨時都有高能粒子在四處亂竄。這些粒子也許來自太陽，也許來自我們銀河系的其他部分，又或許來自超新星（supernova），總之，只要有高能來源處，都可能射出高速的質子。這些高能粒子叫做宇宙射線，會在太空中四處亂竄，直到撞上東西為止。地球因為外層有磁場環繞，因此這些宇宙射線不會撞上你的身體細胞，把你給殺死。所以，你應該聽從你老媽的勸告，不要在外太空逗留太久。宇宙射線經常會射到我們的大氣層，與氧原子或氮原子相撞，過程中會製造出質量更大的粒子。地球的平流層以上的地方有許多粒子，就好比一口沒刷牙的牙齒，住了許多牙斑菌，這些粒子包括緲子、K介子（kaon）和派子等等。

然而這些粒子從生到死，不過是一眨眼的事[7]，因此要製造或是進行任何有意義的測量，唯一的辦法就是使用粒子加速器。由於$E=mc^2$，因此只要讓粒子以夠大的能量彼此相撞，質量龐大的粒子就誕生了。透過粒子加速器，我們較能預測這些粒子何時誕生，這樣一來也較方便研究。

傾向於衰變的大質量粒子，並非只有緲子和派子。前面說過，中子也會衰變，但質子卻不會[8]。只要大約十分鐘，中子就可能衰變成質子、電子（總電荷保持不變），還會變成另一個我們先前沒告訴你的東西：反微中子（antineutrino）。

等等，別害怕，我們就來解釋什麼是「反」「微中子」。先從微中子說起好了。微中子帶有中性的電荷，不能直接被觀察到。可是，如果基本上微中子看不到，為何人們會知道它的存在呢？問得

好。

　　一九三〇年，物理學家沃夫岡・鮑利（Wolfgang Pauli）針對中子衰變實驗提出了新的詮釋。之前，科學家觀察到，中子在衰變後，所產生的質子和電子，有時候會沿著相同的方向飛出去。為幫助各位了解鮑利的詮釋，我們要以超級英雄為例來加以說明。

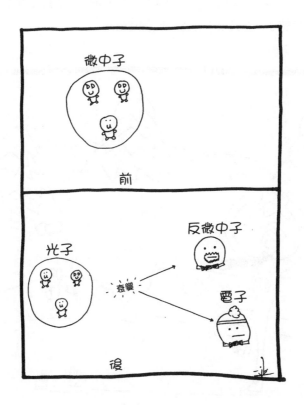

　　假設綽號隱形女（Invisible Woman）的蘇・史東（Sue Storm），和她老公奇幻人（Mr. Fantastic）在一個結凍的池塘上溜冰[9]。他們倆彼此一推，便朝相反方向滑了出去。在岸邊的石頭人（The

Thing），看到這個景象時嚇了一跳，因為他沒看到隱形女，只看到奇幻人彷彿在沒有任何推動力的情況下往後滑行，但他很快就猜出了原因。他**知道**，池塘上一定有某個看不見的人，以與奇幻人相反的方向滑行。

物理學家鮑利所扮演的角色就是石頭人，他當初想必也領悟到，在中子衰變的實驗中，一定存在了某種如鬼魅般看不見的、電荷為中性的粒子，鮑利稱之為「反微中子」。

微中子的質量極輕（反微中子也一樣），因此，有好長一段時

間，科學家以為其質量為零。直到一九九八年，超級神岡微中子偵測實驗（Super-Kamiokande）才發現微中子實際上是有質量的。這雖然是個了不起的成就，但要注意的是，當時物理學家並沒有測量出微中子的質量究竟為何。這個問題在第九章會再詳談，在此，大家只要知道微中子的質量，絕對遠遠低於電子。

還有，各位可千萬別被反微中子的「反」字給嚇到了。「反」的意思是相反；一顆反粒子具有和正粒子相同的量子特性，只不過正負值恰恰相反。大家都知道，當一坨反物質接觸到正常物質時，兩者就會爆炸，所有的質量會完全釋放並轉換為能量，因此才會臭名遠播。儘管如此，反物質本身其實無害。即使我們把宇宙中的所有粒子突然全部替換成反粒子（包括組成你身體的粒子），你也不會發覺異常之處。

❀為什麼有這麼多適用不同定理的不同粒子？

走筆至此，我們已經介紹過好幾個適用於所有基本粒子的基本定律，接下來該談談比賽本身。讓我們從最常見的球賽開始。

重力

根據歷史記載，早在牛頓於一六八七年「發現」重力以前，人類**其實就**已意識到重力的存在。例如，古時候的人懂得運用彈弓或石弩，他們知道，要是將箭往上發射，最後就會射穿盔甲，擊潰敵軍。海利菲克斯的絞刑架（Halifax gibbet），是斷頭台的前身，想想看，要是沒有重力，絞刑架上的刀片就會不時飛走。

然而，牛頓僅僅透過幾道簡單的算式，就能精準**推測**蘋果落地

的時間，月亮繞行地球的軌道，行星繞太陽的軌道等等。他所提出的定律雖然簡單，卻能夠解釋許多現象；根據他的定律，宇宙中的一切事物之間都會產生互相吸引的重力，而且距離愈遠，重力就愈弱。

儘管如此，牛頓並未窺得重力的全貌。一九一六年，愛因斯坦發表廣義相對論以後，我們才能真正了解重力。不過，在我們探討黑洞（第五章）、宇宙的全貌（第六章）或大霹靂（第七章）以前，並不需要煩惱牛頓理論的漏洞。就本章的討論目的，牛頓對我們來說已經**足夠**正確。

前面說過，宇宙中的各種力，就像是兩人對打的球賽，而重力就好像是羽毛球賽。羽毛球的比賽場地很大（事實上包含整個宇宙），但衝擊力道卻不大，被羽毛球打到並不會很痛，相較之下，如果是足球或棒球，被打到可能會痛得呼天搶地。

羽毛球是個很不錯的入門球賽，安全又老少皆宜，更重要的是，每個人都有資格參加。宇宙中的所有粒子，無論質量大小，都會創造出重力場，也會對其他粒子產生引力。

電磁力

與重力不同，重力一定是吸引力，但電磁場所產生的力，可能是吸引力，也可能是排斥力。你已經知道，粒子的電荷有三種可能性：正電、負電、電中性。彼此相鄰的電子，之間必定會產生排斥。相反的，而一組帶正電和帶負電的粒子，如質子和電子，彼此之間則會相互吸引。但要是兩顆粒子的電荷都為中性，則不會有吸引或排斥現象產生。

好，問題來了，兩顆電子之間，既存在了重力的吸引力，也存

電子互相排斥

在著電子的排斥力，於是我們不禁要提出心裡一直以來的疑問：重力和電力，究竟哪一股力量比較強？

答案是電力。而且，在重力與電力的競賽中，電力不僅僅是小贏幾分，而是大獲全勝。兩顆電子間的電排斥力，比兩者間的重力吸引力還要大超過10^{40}倍，因此，當我們的探討屬於原子或規模更小的層級，則幾乎可以完全忽略重力的影響。

或許有人會注意到，雖然本段標題是電磁力，但是目前為止我們僅僅談論「電」的部份。從一般角度來看，電子和磁力很不一樣，但是在基本層次上，兩者的差異不過在於觀點，而非本質上的不同，靜止的電荷可以創造出電場，移動的電荷則可以創造出磁

場，這就是電磁鐵的運作方式，也是我們在第三章解釋自旋的粒子時的理論依據。同理，改變磁場可以創造出電場，並創造出電流。

　　驚人的是，我們在日常生活中所見到的物理現象，幾乎全都可以用電磁力來解釋。譬如，你的屁股之所以能安穩地坐在椅子上，沒有穿透椅子掉在地上，全是拜電的排斥力之賜。而分子與分子間之所以能穩定地結合，則是拜電吸引力之賜，這也是所有化學現象的基礎。此外，氣球之所以會黏在牆壁上，則是因為靜電力（static electricity）的關係。

　　那麼磁力呢？在我們的日常生活中，除了磁鐵和核磁共振儀（MRI），磁力的運作並不常見到。儘管如此，磁力在粒子加速器中發揮了極重要的功能。當一個帶有電荷的粒子（如質子）通過磁場時，會沿著環狀軌道行進，磁場的磁力愈強，粒子行進的速度就愈快。因此，只要將幾塊磁鐵放進大型強子對撞機裡，質子束就會加速到接近光速的程度。

　　電磁力有點像是打網球，網球的節奏比許多球類運動都快，毛茸茸的綠色網球雖然小，卻蘊藏了很大的能量。不過，中性的粒子不能參加網球比賽，因為質子看不見中子，而且，中子把網球拍忘記在媽媽家裡。

　　只要是**帶電**粒子，都屬於電磁力範疇。

強作用力

　　我們有必要介紹電磁理論，是因為自然界一些可觀察到的現象，如原子和分子的存在等等無法用重力理論來解釋，就算加上電磁力，這兩種力也無法完全解釋宇宙間的一切事物。

　　以氦原子為例。氦原子是兩顆中子和兩顆質子所組成的，從電

磁力的角度看,中子的存在沒有問題,但質子會互相排斥,所以是**不應該**有兩顆質子在一起的。

在一顆氦原子的原子核裡,質子間的電排斥力高達約五十磅!如此強大的排斥力,怎麼沒有把氦原子給炸開呢?

由此可見,這裡頭一定存在了另一股力,這股力會作用在質子和中子上,迫使它們黏在一起。這便是所謂的強作用力(strong force)。強作用力只作用在規模極小的尺度上,尺度多小呢?大約為10^{-15}公尺。請原諒我們經常舉出這些令人難以理解的數字,所以,為了讓各位有點概念,且讓我們打個比方。把原子核的寬度跟你的身高相比,就好像比較你的身高與你到半人馬座阿爾發星(Alpha Centauri)之間的距離一樣。

事實證明,愛麗絲夢遊仙境裡的兔子洞,遠比我們想像的

還要深。一九六○年代，史丹佛線性加速器中心（Stanford Linear Accelerator）進行深度非彈性散射實驗（Deep Inelastic Scattering Experiment），將高能的電子射向原子，發現質子和中子裡還存在其他東西——原來，質子和中子並不是基本粒子，而是由更小的東西所組成的。這個更小的東西就是夸克（quark）。

夸克跟電子、微中子一樣，是超物理學賽事的最終玩家。總共有六種不同的夸克（大家可在本章最後附錄中看看這六種夸克可愛的小臉），但是在這裡，我們只關心最輕的那兩種，也就是上夸克（電荷為正三分之二）和下夸克（電荷為負三分之一）。質子有兩個上夸克和一個下夸克[10]，中子則有兩個下夸克和一個上夸克[11]，而支撐住這一切的，便是所謂的強作用力。強作用力究竟有多強呢？它的作用力令這些夸克**永遠不會**離開質子或中子。

強作用力很像桌球，桌球比賽的場地很小，但對打卻很激烈，而且只有夸克以及由夸克所組成的質子、中子能參加比賽。

弱作用力

我們在上面介紹強作用力時提到，由於自然界存在某些現象無法用重力和電磁力充分加以解釋，因此必須以強作用力來解釋。其實，我們之前還提到過一個現象也無法用重力和電磁力來解釋，這個現象就是中子的衰變。前面提過，一粒中子如果放著不管，它就會衰變成一粒質子、一粒電子和一粒反微中子。試著用我們剛剛介紹過的幾種力來解釋這個現象吧！

你會發現，你辦不到，於是你只好發明（其實是假設）另一種力來加以解釋，但是因為好名字都被別人挑走了，只好取名為弱作用力（weak force）。微中子可說是弱作用力的正字標記，由於

電荷為中性，自然無法參加電磁力比賽，而強作用力比賽，又只有夸克能參加。除了電荷上微小的差別以外，微中子其實和電子非常相似。此外，弱作用力會使微中子轉變成電子，或電子轉變成微中子。每秒都有數以兆計的微中子穿過你的身體，這些微中子都來自太陽，太陽每天製造的微中子數量多達數千兆，然而地球上的龐大偵測器每天卻只能夠偵測到其中幾顆，由於數量稀少，可見弱作用力這個名字的確實至名歸。再者，由於微中子**只以**弱作用力進行交互作用，因此不容易被直接看到。

弱作用力就像健身藥球

弱作用力的遊戲很像健身球（medicine ball），或稱為藥球，這是個近身、低衝擊，需要時間作訓練，而且無聊得要命的遊戲。**為什麼**無聊呢？原因就在藥球本身。藥球相當重，即便是那種老派留著八字鬍的健身肌肉男，也無法把球丟遠。

那誰有資格玩弱核力球賽呢？夸克、微中子和電子都有。但儘管這些粒子都能參加，但如之前提過，這個比賽步調相當緩慢，也不會發生什麼事。

✵ 這些力究竟從何而來？

本章一開始我們討論到，基本力就像球賽，但球賽要好玩，還需要一項關鍵：球。想想看，若是沒有球，網球賽不過就是兩個人在任意揮球拍，同樣的道理也適用於粒子物理學。根據目前所知，若將兩顆電子放在桌上，電子就只會坐著一動也不動，兩者之間的溝通只透過電磁場或重力場或弱作用力場，而產生互動。若沒有這些場，它們甚至看不見彼此。

但這些場究竟是怎麼來的？兩顆粒子要產生互動，必先讓對方知道自己的存在，但要如何做到這一點？有個辦法，就是在兩者之間「傳送」第三種粒子，這個第三者的信差稱為媒介子（mediator），正是傳遞這些力的粒子。所以，兩顆電子間就會透過這種粒子互相傳遞，以告訴對方：「我在這兒，滾開！」[12]

在電磁力的網球賽中，那顆相對於綠色毛絨網球的粒子，擔負媒介子功能的，稱為光子，在第二章中我們已經花費不少時間介紹光子。我們知道，光子沒有質量，並以光速前進。由於宇宙中充斥著真空能量，因此我們隨時都接受不斷生滅光子的洗禮。

　　如前所述，依據情況，光既可以描述為粒子，也可以描述為波。廣義來看，波就是場的一種——在任何時間點和空間點都可以測量到。若你拿個天線在家裡移動，你會偵測到不同的無線電波，有時候弱一點，有時候強一點，這正是所謂的電磁場。而光子便是在電磁場中以光速在空間中移動的一小部分。除了電磁場，所有的基本力都一樣，像是強作用場、弱作用場和重力場，每個場也都有其相對應的粒子。

　　例如強核力（strong nuclear force）的媒介子稱為膠子（gluon）。膠子和光子一樣沒有質量，並以光速行進，但是膠子有一點與光子不同，它似乎罹患分離焦慮症。光子是電磁力的載體，但光子本身的電荷是中性的，因此光子**感受不到**電磁力的存在。

　　可感受到強作用力的粒子，由於所攜帶的電荷不同，則以顏色來命名，如紅色、藍色、綠色等，相對於電磁場中的正電和負電，它們會決定夸克在強作用場裡的相互作用。不過，別拿出蠟筆想用繪圖方式來表現強作用力，算了吧，其實這些顏色不過是物理學的老把戲，總喜歡取一些奇怪的名字，好把不懂門道的外行人唬得一愣一愣的。

　　不過，電磁場陣營跟強作用力陣營之間，的確存在一個很重要的差異，那就是：在強作用力陣營裡，不但打球的「選手」有電荷（這點跟電磁場一樣），就連球本身也有電荷（這點則不同於電磁場）。膠子與光子截然不同，膠子不但能**傳遞**強作用力，並可**感受到**強作用力。膠子與膠子之間也會互相吸引，結合成一種膠球（glueball）結構，這種結構使得膠子不能走遠，會被另一個膠球攔住，這也是強作用力的作用範圍只侷限在原子核內的主因之一。強作用力在夸克更為明顯，夸克永遠不會出現在原子核之外——就像

寫《麥田捕手》的沙林傑（J. D. Salinger）或寫《V.》的湯瑪斯・品瓊（Thomas Pynchon）等隱居遁世的作家一樣，雖然人們不知他們何在，作品仍能大賣，原因正在於此。

重力理論，也就是廣義相對論，則不需任何媒介子。關於廣義相對論，本書的五、六、七章會有更深入的討論，不過，由於重力這東西實在是太與眾不同了，重力的謎團，可能要等到人類發展出「萬有理論」（Theory of Everything）或其他足以讓人信服的理論，才有辦法破解。

倘若所有的力本質上都是相同的，為何並非每種力都擁有媒介子？所以科學家假設重力是由一種叫重力子（graviton）的粒子所傳遞。問題是，截至目前為止，人類不但從未偵測到重力子的存在，甚至還無法設計出敏銳的實驗來尋找重力子的存在。儘管如此，我們可以確知的是，重力子如果真的存在，它應該會跟光子一樣不具質量，如此才能將重力的訊息傳遞到極遠之處。

跟其他的基本力相比，弱作用力有一個特殊之處，就是它是唯一具備三種媒介子的力，分別是W玻色子（W boson）及Z玻色子（Z boson）[13]，其他媒介子都有酷炫的名稱，因此我們要問，弱作用力為什麼這麼弱？又為什麼只能在次原子尺度下的距離才能發揮作用？答案前面其實已經出現過，這些媒介子不但具有質量，而且質量還不小，就像藥球，因此很難走得遠。可能有人覺得這沒什麼大不了的，但是要知道，根據最簡單的理論，宇宙中所有的力，不管是電磁力還是弱作用力，照理說都應該要擁有不具質量的媒介子，為什麼弱作用力的粒子卻不一樣？

在物理學的世界中，特殊並不是一件好事。物理學家最愛對稱性，不但在自修室給對稱性丟小抄，還會在下課時送花給對稱性。

對物理學家而言，一般來說，對稱性的意思是說，一套系統如果具備對稱性，即便你改變系統中的某部分，背後的物理定律也不會因此改變。

　　舉例來說，假設你今天帶姪子和姪女去打迷你高爾夫，你根據性別的刻板印象，把藍色的高爾夫球拿給姪子，紅色的球拿給姪女。由於這兩顆球的運作原理基本上並無不同，因此誰打藍色、誰打紅色其實沒有差別。

　　再假設，當球賽進行到一半時，你買了可口好吃的霜淇淋請姪子姪女吃，然後趁他們不注意時調換兩顆球。要是你把調換球的事告訴兩個孩子，那沒問題，他們會知道要如何調整，那就是，姪子改打紅球，而姪女改打藍球。當然，若你只調換了一顆，問題就來了，因為球場上將出現兩顆紅球，這樣一來，孩子們就不知道誰該打哪顆球，原本開心的一天也就被你毀了。

　　接下來，我們要把討論變得更具科學性，以免讀者認為我們一直在童言童語。對稱性很重要，這是因為，任何兩顆電子（或兩顆同種的基本粒子），基本上並無不同。在微觀的層次上，**這顆**電子和**那顆**電子並不存在任何差別，所以我們會說有兩顆電子。

　　是的，我們**幾乎**只會這麼說。前一章在討論EPR悖論時提到過，電子具備了另一種叫**自旋**的特性。電子的自旋方向可朝上或下，這兩者有什麼不同呢？從很多方面而言，並無不同。一顆朝上自旋的電子和一顆朝下自旋的電子，兩者的質量一樣，電荷也相同。然而在另一方面，我們知道，若受磁場影響時，電子的自旋方向會改變，但朝下自旋的電子和朝上自旋的電子會受到不同的影響。再者，我們可以利用磁場將朝下自旋的電子變成朝上自旋，反之亦然。這便是所謂的對稱性。總之，物理學家發現，只要是同一

類型的粒子,粒子與粒子間除了若干相對微細的差別外,基本上並無不同。換言之,我們可以把它想像成是**同一**粒子的不同版本。

當然,上面的比喻有時候可能沒有意義。例如,在迷你高爾夫裡,將紅球換成藍球通常沒什麼問題,因為兩顆球的表現並不會有所不同。但要是將紅球換成保齡球呢?從打高爾夫的角度來看,這樣的替換並不對稱,因為紅球能滾進洞裡,另一顆卻不行。但如果你的目的不是打高爾夫,而是想知道地平不平,這時保齡球和高爾夫球就能發揮同樣的功能。

此外,電子還具備另一種特性,叫做相位(phase);相位這個特性無法單獨測量出來,只能測量兩顆電子的相位差[14]。兩顆相位不同的電子,就某些方面可以說一模一樣,在某些方面卻迥然不同。

電子這個東西,真叫人傷腦筋啊。

一九四○年代,加州理工學院(Caltech)的理查‧費曼想出了一個全新的方式來看待這整件事。他自問,如果有個場可以改變電子(或任何其他帶電的粒子)的相位,會發生什麼事?透過數學運算,費曼發現,這樣的場的確存在,就是所謂的電磁場。電子的相位可以透過電磁場加以改變嗎?這是個多麼詭異的假設!儘管如此,這個假設所建構起來的理論,卻可以讓我們正確預測出所有關於光的現象。要是費曼提早四十年完成這些數學運算,他就能比愛因斯坦早先一步預測到光子的存在。

我們承認,費曼的這套理論「量子電動力學」(QEM)聽起來好像是憑空捏造出來的。至於這個宇宙的物理定律為什麼可以純粹用對稱性邏輯來解釋呢?老實說,我們完全沒有頭緒,但是卻又不得不承認,對稱性邏輯的確說得通。

看來,現在的物理學家可能比過去更喜愛「對稱性」這個老朋

友。既然上述邏輯可以用來詮釋宇宙中某種基本力，是否也適用於解釋其他的力？微中子和電子從表面上看來實在不相似；電子的電荷為負，微中子則為中性。從電磁場的角度看，這兩種粒子也截然不同，儘管兩者質量都極輕，但微中子因為實在是太袖珍了，有好長一段時間，物理學家一直以為微中子是完全沒有質量的。

儘管如此，電子和微中子之間顯然存在著某種關連。既然微中子是某種化學反應的衍生物，那我們敢打賭：應該有電子參與其中。也就是說，雖然程度微弱，但這兩者間應該存在了某種對稱性。關於這一點，科學家目前假設，宇宙中應該存在某種微弱的場（事實上是三種微弱的場）可以將電子變成微中子或微中子變成電子，將上夸克變成下夸克，或者讓微中子彼此對撞。這些場的粒子，應該就是W玻色子和Z玻色子。

我們可以用同樣的邏輯進行更複雜的辯證，以了解膠子（強作用力的媒介）或假設的重力子（重力的媒介）的特性，但我們不會這麼做。因為我們（以及大型強子對撞機中心的研究員）真正感興趣的，是想要解開關於弱作用力的謎。根據對稱性概念進行計算後所得出的弱作用力等式，跟電磁力的等式一樣，幾乎十全十美。

幾乎……。

在第一章中，我們其實已經看到過對稱性的展現，只不過當時沒有用這個名詞來稱之。儘管如此，我們當時已經注意到，不管你是靜止不動，還是以恆定的速度前進，宇宙中所有物理現象都可加以解釋。此外，我們也看到，粒子的表面速度，會因為觀察者處於靜止不動或正在運動而有所差異。但是有個例外：無質量的粒子必定以光速前進。

顯然，無質量的粒子一定有什麼特別之處，而根據我們的對

稱性邏輯，宇宙中的每一種媒介子都應該不具質量才對。關於這一點，沒錯，光子和膠子都沒有質量。至於重力子，雖然我們實際上還沒發現重力子，但是從理論上看，既然重力是以光的速度前進，意味著重力子應該也是沒有質量的。

但問題來了，W粒子和Z粒子，不但具有質量，質量還很大，約為質子的一百倍。從數學的角度看，要修正這一點，我們非得在相關等式上**動點手腳**不可。

✳️ 為何我們無法甩掉體重或質量？

根據我們最佳的猜測，前面提出的對稱性辯證，的確可以描述所有關於宇宙的基本方程式，例如，A粒子的確可以轉變成B粒子。這個臆測如果正確，那麼我們應該可以對宇宙中所有基本的力，電子和微中子的存在，各種類型的夸克等，都做出正確的預測。

但事實並非如此。質量是最大的問題癥結所在。如果我們重新開始，針對宇宙提出盡可能簡單的模型，那麼不僅W粒子和Z粒子應該不具質量，連夸克、電子和微中子也應該不具質量，但事實並非如此。

為了讓相關方程式的預測能符合我們在物理世界所看到的真實現象，物理學家於是「發明」了一些數學運算來加以修正，例如，許多物理學暢銷書所談到的「自發對稱破缺」（spontaneous symmetry breaking）概念，或相關想要解釋真實粒子質量的技術性名詞。

我們不想扯得太遠，也沒有什麼不誠實的隱瞞之處。事實上，這堪稱最佳的科學：你發明了一套理論，卻發現宇宙運作不符合其預測結果，於是便提出一套新的工具，透過數學運算來修正。科學

家最早提出夸克，也是把它當成數學修正工具，但後來的研究卻顯示，夸克這東西的確存在。

儘管物理學家提出了數學公式來解決前面提到的問題，我們似乎沒有必要在此加以解釋，但可以談談最後的底線。一九六〇年代，愛丁堡大學（University of Edinburgh）的彼得・希格斯（Peter Higgs）提出了一個看法，他認為，除了我們前面所提過的所有媒介場，宇宙中或許還存在了另一個場。這個場後來被稱作「希格斯場」（Higgs field）。很有創意對嗎？和前面所提過的場相比，希格斯場的殊異之處在於它沒有任何力。

希格斯場無所不在，甚至可以說我們每個人就身處其中。問題來了，希格斯場要是真的存在四周，為何我們沒有注意到？還有，希格斯場會做什麼？以最簡單的比喻，希格斯場就像糖漿的作用。假設希格斯場是一個大桶子，將一粒夸克放進去，搖一搖，會發生什麼事？你會發現，和希格斯場產生交互作用後，夸克變得更難搖動了。在物理學上，一個東西愈難搖動，代表它的質量愈大。從這個角度看，希格斯場的功能應為「提供質量」給粒子。

我們不想過度延伸這個譬喻，但要是希格斯場真的有如糖漿，那麼存在於其中的粒子一旦開始運動，速度就會減緩。事實顯然並非如此。但我們基本上還是可以說，電磁場的作用是令帶電的粒子移動，希格斯場的作用則是將質量賦予給粒子。

聽起來，我們好像又在捏造故事了，對嗎？

不，我們絕不是在睜眼說瞎話。前面提過，宇宙中不同的力，本質上或許是同一種力，只是表現方式不同。譬如，電力和磁力，曾經被認為是迥然不同的東西，直到一八六五年，馬克士威（James Clerk Maxwell）透過實驗證明，世人才知道這兩股力其實是同一種力

（即電磁交互作用）的不同面相。

之後，物理學家就一直想要證明，其他四種力其實不過只是同樣的三種力、兩種力或一種力而已。這意味著什麼？畢竟，這幾種力**看起來**的確很不一樣啊。這樣的說法，放在現在來說雖然正確，但其實一切都取決於宇宙夠不夠熱。

一九六一年，謝爾登‧格拉肖（Sheldon Glashow）、史蒂文‧溫伯格（Steven Weinberg）和阿布達斯‧薩朗（Abdus Salam）三位科學家合力證明了電磁力和弱作用力其實是同一種力。怎麼可能？弱作用力跟電磁力兩者間的差異很大。電磁場是透過無質量的媒介子發揮作用，弱作用場則透過大質量的W粒子及Z粒子發揮作用，因此，電磁場才得以作用到很遠之處，而弱作用力則只能在近距離內發揮作用。

問題來了！這兩股力看似如此不同，怎麼有辦法結合在一起呢？原來，格拉肖、溫伯格和薩朗三位科學家是從宇宙誕生之初那充滿高溫與高能的環境來看待這個問題。他們發現，一套完整的電弱交互作用（electroweak interaction）理論，可以將四種媒介子全都涵蓋在內，且彼此間的交互作用程度都差不多。

後來，當宇宙冷卻下來，從無始以來一直存在的希格斯場開始感到厭倦，決定退休（這只是比喻），並參與社區活動。三種電弱粒子（即W粒子兩種及Z粒子一種）因為和希格斯場產生交互作用，得到了質量，而光子則持續保持在零質量的狀態。

這故事聽起來還滿有道理的，但有個小小的缺點，這兩股力差異這麼大，究竟要如何結合在一起，我們需要一個更有力的理由。電弱交互作用理論終究不是萬能，無法一改再改，自圓其說。雖然，故事可以任由人們編織，但不代表一定說得通。儘管如此，電

弱交互作用理論有一個厲害之處，就是關於W粒子及Z粒子的質量比例，預測相當準確。根據這套理論，Z粒子的質量比W粒子重大約百分之十三；實驗結果證明，這個預測簡直神準無比。

問題是，這套說法要說得通，希格斯場就必須存在，否則電磁場和弱作用場還是能夠結合。另一種可能性是，這套理論根本錯得離譜，必須從頭來過。不過，為了不讓大家頭昏，我們姑且假設，希格斯場的確存在。這樣一來，跟其他所有的場一樣，希格斯場中應該存在一種真實的粒子，能夠被觀察到。問題是，希格斯子的電荷是中性的（也就是說，在一般狀況下很難偵測得到），而且質量極大，也就是說，我們很難用對撞機把它製造出來，就算製造了出來，也很快會發生衰變。

希格斯子的質量到底有多大呢？不曉得。我們只知道，要是它很輕，我們應該早就發現到它的存在；要是太重，W粒子和Z粒子的質量比例就不會是今天所知道的樣子。因為這兩道限制，希格斯子的質量，應該比質子還要大上一百二十倍到兩百倍之間，於是，找出這個粒子的實際質量，就成了這場遊戲最重要的任務（當然，還要找出希格斯子存在的實際證據）。其實，早在大型強子對撞機開始運作以前，二〇〇九年初，費米實驗室（Fermilab）的物理學家就已經透過正負質子對撞機（Tevatron collider）得出一個結果：希格斯子的質量，**不可能**是質子的一百七十倍到一百八十倍。

我們究竟該如何透過對撞機製造出希格斯子？截至目前為止，我們只談到過用質子束進行對撞，其實，讓質子與質子對撞更為有趣。我們知道，粒子經過加速，會產生相當大的能量。可是，當兩顆質子相遇，真正對撞的並不是質子本身，而是質子內部軟軟的東西。

　　質子內的夸克和膠子，在加速器內跑了一圈後，會產生出相當強的能量，而膠子與膠子對撞後，則會釋放出巨大的能量，以製造出像希格斯子這樣龐大的粒子。

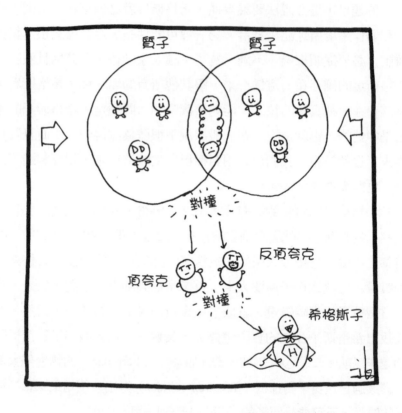

　　以上所述，若不是憑空捏造，頂多也只能說是有根據的猜測。我們知道，希格斯子從來沒有在任何粒子加速器裡被發現到，而大型強子對撞機，是人類截至目前為止進行過的最高能實驗。這意味著，從過去的粒子加速器實驗裡，我們已經大概得知希格斯子的質量下限，現在終於能夠探測其質量上限。我們有信心，只要用夠高

的能量讓兩顆夸克對撞，就能從反應中產生希格斯子。

如果它真的存在。

⚛ 小小對撞機如何摧毀大大宇宙？

我們雖已明白物理學家為何要製造大型強子對撞機，但好奇心能殺死一隻貓[15]。能找出希格斯子固然可以證明我們很聰明，但可不希望聰明反被聰明誤。

例如，要是我們真能透過撞擊兩粒夸克來製造出質量龐大的希格斯子，豈不代表也能透過同樣方法製造出其他更危險的東西？的確，高能量的撞擊可以製造出許多不同的東西，問題是，我們擔心，兩顆粒子對撞後，會不會製造出恐怖的黑洞或「奇異物質」（strangelet）？再者，這些東西有沒有可能毀滅掉整個宇宙？

「世界末日」劇本一：地球被黑洞從內而外給吞噬掉

關於黑洞，我們在第五章會有更詳盡的討論，在此你只需先知道一件事，要是你的鑰匙不小心掉進了黑洞，讓它去吧，鑰匙不可能找得回來的。關於黑洞，有一個點位叫事件視界（event horizon），一旦進入就出不來；而且，掉進去的東西愈多，事件視界和黑洞就會變得愈大。

那麼，要是有兩顆質子在大型強子對撞機裡相撞變成黑洞，會發生什麼事？這個黑洞的質量至多不過為一般質子的一萬四千倍，老實說，就一般標準而言也相當袖珍，因此其事件視界也將很小，比原子核的尺度還要小好幾倍，因為很小，所以沒有對準還是無法丟進去。

聽到這裡，要是你以為可以因此天下太平，那就太傻了！別忘了，這個黑洞小歸小，卻是個永不停歇的殺人機器。任何粒子碰到它，都會遭到吞噬，它也會愈轉愈快。我們擔心，要是有個小黑洞真的形成並掉進地心不斷長大，最後是否會吞噬掉整個地球？聽起來很恐怖吧？

大型強子對撞機的母機構——歐洲核子研究組織，知道大眾非常關切該機器的安全問題，於是先後在二〇〇三和二〇〇八年成立兩個評估團體，以評估對撞機是否會毀掉地球，結論是：「並無具體證據顯示大型強子對撞機會對地球安全造成任何威脅。」拜託！他們當然會這麼說囉！但各位假使深入思考，應該也會得出同樣的結論。

我們可以放心，第一個理由是，從某個意義上講，類似大型強子對撞機的實驗，地球上已經進行過好幾十萬次，一切依然安然無恙，我們也還在這裡說故事給各位聽。這是怎麼說呢？地球的大氣層一直暴露在宇宙射線的照射下，但宇宙射線的能量，比大型強子對撞機所製造出來的能量還要高出許多，換言之，高能質子對撞所可能產生的危險，其實正不斷在地球上空發生。

儘管如此，地球至今仍安然無恙，可見大型強子對撞機並不會毀掉地球。

既然如此，我們不禁要問：地球為什麼還沒遭到毀滅？首先，大型強子對撞機固然可以製造出巨大的能量，但所製造的粒子有質量上的限制。前面說過，人造粒子的質量上限約為質子的一萬四千倍，實際上卻還要再小一點，因為在粒子加速器中，真正對撞的並不是整顆質子，而是質子內的夸克和膠子，因此加速器內製造出來的粒子，質量最多僅為質子的一千倍。

　　另一方面，由於我們了解宇宙的運作原理，因此也知道知道，一個黑洞的最小質量，約為一公斤的兩百億分之一，也就是所謂的「普朗克質量」（Planck mass）。這個數值聽起來或許很小，但相較於大型強子對撞機能製造出來的最大粒子，普朗克質量約大一千兆倍。

　　粒子質量的限制源於不確定性。第二章提過，我們無法百分之百確知一顆粒子的所在位置，且粒子的質量愈小，不確定性就愈大。另一方面，黑洞的質量則全都侷限在事件視界內，因此如果體積太小，就可能無法全部「塞入」事件視界。而普朗克質量，正是前述兩者的交界點。

　　根據已知的一切，事實上，小於普朗克質量的黑洞根本無法形成。不過，如果我們錯了，小黑洞最後還是有可能形成，那該怎麼辦？

　　在第五章會談到，所有黑洞最後都會毀滅，而且體積愈小毀滅速度愈快。如此看來，討論大型強子對撞機所製造出來的黑洞多久會消失，根本毫無意義（更何況這樣的黑洞可能根本不會形成）。要知道，黑洞從形成到消失，時間極短，只能移動相當於原子核尺度幾分之幾的距離，來不及吞噬任何東西。

　　再者，我們十分確定，黑洞最後**一定會**消失不見。如果我們能從粒子物理學學到任何東西，其中最重要的一件事情就是，即使能透過對撞方式創造出粒子，這個粒子也很快就會衰變。

「世界末日」劇本二：奇異物質形成並發展成毀滅世界的晶體

　　前面關於大型強子對撞機的討論，主要是針對「讓個別質子對撞」的運作模式。但機器本身還有另一種運作模式，就是讓重原子

（大多為鉛原子的原子核）對撞，然而這也引發了另外一種恐慌。

別以為我們至此已將所有可能的悲劇都告知讀者們，事實上，射向地球大氣層的宇宙射線，是由重離子（heavy ion）所組成的。這與發生在大型強子對撞機裡的情況有何不同呢？原來大氣層中的重離子，撞擊的對象多半是質量輕的原子，如氧、氮、氫之類，因此兩顆鉛原子相撞後會發生的事，無法在地球上的自然界裡看到，但可以從月球上看到。由於月球沒有大氣層，隨時都會遭到宇宙射線轟炸。但月球到目前為止都沒有因而毀滅，因此我們應該可以放心地說，地球是安全的。

「安全？安全個頭！」您的懷疑我們都聽到了。

要回答這個疑問，我們首先必須指出，除了前面談到過的上夸克和下夸克外，還有另外四種夸克（共計六種）。其中，上夸克和下夸克質量最輕，次輕的則是「奇」夸克（strange quark）；奇夸克和下夸克一樣，具有負三分之一的電荷。

此外，前面提到過，一般說來，只要有機會，重粒子傾向於衰變成較輕的粒子，奇夸克也不例外。但由一、兩顆奇夸克所組成的「超核」（hypernucleus），質量可能比一般原子核還要輕。你不信嗎？那麼請注意聽下面這段話：一般質子的質量只有百分之二是來自上夸克和下夸克，其餘則是由能量轉換而來，如夸克在運動時所產生的能量，以及夸克與膠子互動時產生的能量。

經過大型強子對撞機的撞擊，超核或許會形成「奇異物質」（由數量相當的奇夸克、上夸克和下夸克所組成），但這一切只是臆測，畢竟，奇夸克問世的時間還不長，連相關實驗都沒有，因此若將奇夸克注入到一般物質裡，我們不曉得會發生什麼事。

關於這一點，學界的看法也是眾說紛紜，有些甚至非常悲觀。

例如有學者擔心，奇異物質一旦形成，可能會跟一般物質結合，再變質為低能量的奇異物質，這個過程會不斷反覆進行，直到地球上的一切全都毀滅為止。巧的是，這跟電影《超人再起》（*Superman Returns*）裡描寫的世紀末日情節幾乎如出一轍，只是電影中的奇異物質換成氪星石（kryptonite）[16]。

以上所述的確恐怖，還好，據我們目前所知，奇異物質並不存在。布魯克海文國家實驗室（Brookhaven National Labs）的相對論性重離子對撞機（Relativistic Heavy-Ion Collider），並沒有找到奇異物質的蹤跡——顧名思義，這個機器正是用重離子來進行對撞的。同樣地，宇宙射線的撞擊也沒有製造出奇異物質來。

因此，請各位放心，就算物理學家未來可能製造出足以毀滅地球的機器，但絕不會是來自大型強子對撞機。

✳若真的找到希格斯子，物理學家是否就算任務完成？

大型強子對撞機裡會發生什麼事，我們相當有把握，因此如果**找不到**希格斯子，相信大多數物理學家應該都會感到非常、非常驚訝。無論如何，可以確定的是，大型強子對撞機不會是世界末日，而標準模型也不是最究竟的物理學說。接下來，讓我們看看物理學界還有些什麼理論。

弦理論

無論你是那種整天關在實驗室裡的物理學家，又或者擁有豐富的社交生活，應該都聽過「弦理論」（string theory）。學者之所以提出這套理論，是為了解釋某些一直沒能得到合理解釋的謎[17]（我們也

一直避而不談）。例如，重力和宇宙中其他三種基本的力，實在是截然不同。

我們知道，不管是弱作用力、強作用力還是電磁力，都需要媒介子居中傳遞，透過實驗，科學家的確發現到媒介子的存在。但在重力理論，也就是廣義相對論中，重力子並非必要條件，而到目前為止也沒有發現到重力子的存在。更奇怪的是，探討物質粒子（如夸克、電子等）的理論，跟探討作用力媒介的理論（如光子、膠子等），怎麼會如此截然不同？要是有一套理論──即萬有理論──能夠把這一切全部結合在一起，那該有多好？

儘管尚未發展完備，弦理論卻正是萬有理論的主要候選者之一。弦理論的關鍵要素，不難想見就是一種叫做「弦」的東西。我們可以把它想像成是一條橡皮筋，大概只有10^{-35}公尺長。可是弦到底是什麼呢？簡單一句話，弦即一切事物。

各位要知道，本章談到的所有粒子，包括夸克、電子、光子等，在標準模型中都被視為極小極小，簡單講就是「點」。至於A粒子為何擁有多少質量、電荷，B粒子又為何擁有多少質量、電荷等，標準模型並沒有提出解釋。

但根據弦理論，這些粒子之所以看起來像是「點」，原因只是因為我們看得不夠仔細。根據弦理論，「點粒子」事實上是不斷在振動的小迴圈。你覺得這個說法聽起來很熟悉嗎？應該的。在量子力學中，我們看到的所有事物，包括光子、電子、真空場等等，事實上都在不斷來回擺盪。

一條弦振動得愈有力，質量就愈大。還記得$E=mc^2$這個公式嗎？要知道，質量可以轉換成能量，能量也可以轉換成質量。一條弦的振動特性，決定了這個粒子的一切。但要解釋我們所看到粒子

的所有特性，三個次元是不夠的，這不代表這些弦並不存在，而是代表我們需要更多次元。

　　但各位別誤會，我們不是說我們有辦法進入更高的次元。因為這些其他的次元多半很小（或全都很小），甚至比我們在大型強子對撞機裡所能偵測到的物質還要小，因此就算進得去，恐怕也會塞爆。再者，就算我們有辦法在這些隱藏的次元中旅行，裡頭的狀況恐怕跟電玩「小精靈」[18]的世界很像，出發沒多久就會回到原點。

　　宇宙如果只有三個次元，弦理論便無法和現有的物理定律相契合。於是，學者們提出了一個又一個的理論，可能的次元數也愈來愈多。一九九五年，普林斯頓高等研究院的愛德華・維騰（Edward Witten）也提出了他的弦理論——M理論（M theory）；這個版本是目前所有弦理論當中最具代表性的，根據他的看法，我們的宇宙實際上總共有十個次元。

　　弦理論在許多方面都深具潛力，譬如提供一套架構將基本的力全都涵蓋在內，讓我們了解所有的力和粒子，其實只是相同物理定律的不同呈現而已，甚至，我們還可以透過它對空間（詳見第六章）和宇宙創生（詳見第七章）的本質獲得更深的認識。

　　但弦理論並不是沒有半點瑕疵。首先，這套理論**很難**檢驗。由於弦的尺度太小，要想用大型強子對撞機或其他在可預見未來問世的實驗來加以測試，幾乎是不可能的事。此外，粒子物理學中一些尚未得到解答的疑問，弦理論也無法給予充分的解釋。

迴圈量子重力學說

　　標準模型還有一個很大的漏洞，連弦理論都不必假裝能夠解釋。量子力學和廣義相對論（即重力理論），是二十世紀最偉大的

兩套物理學說，言之成理，差別在於量子力學針對的是尺度極小的世界，而廣義相對論針對的是重力強大的物理現象。問題是，這兩套理論如此不同，怎麼可能同時正確？關於這一點，標準模型並沒有提出合理的交代。因此我們不禁要問，當兩套理論都適用的情況下，例如探討黑洞或宇宙形成之初，到底哪一套理論比較說得通呢？

仔細想想，第二章說得沒錯，物理的世界，似乎處處都存在著不確定性，如光子的真空能量、電子的所在位置、光子的行進路徑等等。重力之外的三種基本的力，似乎都由量子力學所宰制。而且，它們之間的相似性實在是太高了，所以才有物理學家認為電磁力和弱作用力其實是同一種力（電弱作用力）的不同呈現，並提出一套又一套的大一統理論（Grand Unified Theory）來整合電弱作用力和強作用力。然而和這三種力相比，重力顯得與眾不同，也因為重力的特殊性，廣義相對論中並沒有其他三種力所有的隨機性。看來，我們亟需一套量子重力理論（theory of quantum gravity）。

迴圈量子重力學說（Loop Quantum Gravity）就是在這方面最令人振奮、成果可能最豐碩的理論。但這套學說有個很奇怪的特點，就是空間本身竟也是量子化的。也就是說，要是你看的尺度夠小，空間將不再是平滑的，而是獨立不連續的。這個現象在正常的情況下觀察不到，因為它所談的尺度是相當於10^{-35}公尺——也就是所謂的普朗克長度（Planck length）。普朗克長度有多小呢？這樣比喻好了，普朗克長度與一顆原子相比，相當於一顆原子與我們太陽系以外距離最近的恆星，所以，還找得到更小的空間嗎？在第七章探討大霹靂（the Big Bang）時，我們將可因此得到一些有趣的啟發。

迴圈量子重力學說最吸引人的地方在於，除了我們平常習慣的

三度空間和時間次元，不需要再假設有額外的次元存在。而且，根據這套學說，重力子必然存在，如此一來我們的粒子物理學說就更為統一完備了。儘管如此，迴圈量子重力學說本身並非萬有理論，沒辦法解釋其他的力跟夸克等基本物質粒子。

以上超乎標準模型的物理學，看起來好像我們這些物理學家在大型強子對撞機之前的實驗之後，為了保住工作所發明出來的唬人理論。你的懷疑不無道理，可是，無論暴力能不能解決所有問題，不管你喜不喜歡，人類將來想必還需要再做幾次高能爆炸實驗，才能揭開宇宙的一切謎底。

附錄

基本粒子惡形惡狀展覽館

廢話少說是本書一貫的宗旨。在粒子物理學的標準模型中，有個驚人的地方，就是粒子的數目雖多，卻非常簡單明瞭。宇宙中的物質基本上只有兩大類：輕子（lepton）和夸克，又可再區分成三代，每一代各有兩種粒子，且其中一個粒子又比另一種多一個負電荷。本附錄的清單依世代劃分，各位會看到，同一家族的所有粒子都擁有一些共同點，你可以根據這些特點來認識以下的漫畫肖像。

輕子家族 The Leptons

名稱	電子 Electron	緲子 Muon	濤子 Tau
電荷	-1	-1	-1
質量	質子的0.026%	質子的11.3%	質子的190%
發現者＼時間	湯姆森（J. J. Thomson）於一八九七年發現	卡爾·安德森（Carl Anderson）於一九三六年發現	馬丁·帕爾（Martin Perl）於一九七五年透過撞擊電子和正電子而發現

　　這些粒子皆為帶電輕子，電荷在帽子上。由於帶電，因此會和電磁力產生交互作用。此外，所有的輕子都會和弱作用力產生交互作用，而所有的粒子也都會和重力產生交互作用（這一點以後不會再提到）。在所有的輕子當中，一般只有電子是看得到的。因為，緲子只要百萬分之一秒就會衰變，而濤子則消失得更快。

名稱	電子微中子 Electron Neutrion	緲子微中子 Mu Neutrion	濤子微中子 Tau Neutrion
電荷	0	0	0
質量	？	？	？
發現者＼時間	克萊德・柯文（Clyde Cowan）等人於一九五六年發現	里昂・雷德曼（Leon Lederman）等人於一九六二年發現	DONUT研究團隊於二〇〇〇年在伊利諾州巴塔維亞（Batavia）的費米實驗室裡發現

　　至於這幾位頭上沒戴帽子，所以不帶電，如果你覺得他們長得很像也並不奇怪。微中子雖然有好幾種不同的類型，但它們彼此間可以輕易地互相轉換（只要換領帶就行），而且轉換時不會發出任何預兆，也似乎沒有任何交互作用。這個現象，物理學上稱作「微中子振盪」（neutrino oscillation），科學家已經於二〇〇三年在日本的富山（Toyama）附近，透過神岡液態閃爍體反微中子偵測器（KamLAND detector）得到證實。但這個現象也意味著，微中子一定具有質量，至於質量多少則很難說。但可以確定的是，電子微中子的質量上限，一定小於電子質量的百分之〇點三。至於其他兩種微中子，質量上限則高出許多，如濤子微中子的質量可能高達電子的三十倍（根據現有的測量結果），但也可能更低。

電子微中子的名稱來源，是因為它和電子的衰變或交互作用的相關程度最高，另外兩種微中子也各與緲子、濤子有相同現象。

在101頁關於微中子衰變的漫畫中，不知你是否留意到反微中子留了小鬍子。這個漫畫我們其實是在向科幻經典影集《星際爭霸戰》致敬，在第二季第三十三集「鏡子鏡子」（Mirror, Mirror）裡，所有和史派克（Spock）艦長作對的壞蛋臉上都有鬍子，所以本章的漫畫中，所有的反粒子也都留有鬍子。

夸克家族

名稱	上夸克 Up	魅夸克 Charmed	頂夸克 Top
電荷	＋2/3	＋2/3	＋2/3
質量	質子的0.4%以下	質子的130%以下	質子的180倍以下
發現者＼時間	一九六七年於史丹佛線性加速器的深度非彈性散射實驗中發現	丁肇中（Ting）與黎克特（Richter）於一九七四年獨立發現	一九九五年於費米實驗室的正負質子對撞機中發現

這些粒子都是帶正電的夸克，長相非常神似，差別只有世代愈晚體積就愈大。頂夸克是目前已發現粒子中質量最重的（看到沒？身體都快要炸開了），也是最新發現的。

在此為了避免失職，我們要指出一個奇怪的現象。不知各位是

否注意到，上夸克的質量，只佔一粒質子的大約百分之零點四。其實一粒質子是兩顆上夸克和一顆下夸克所組成，但是將這些夸克的質量相加，頂多只佔一粒質子質量的百分之一到二而已，所以其他多餘質量是哪裡來的？

答案是：由能量轉換而來。這些夸克，是以相當快的速度在質子內飛來飛去，彼此間會產生很強的交互作用；我們知道，質量可以轉換成能量，能量也可以轉換成質量。要是你覺得奇怪，為什麼希格斯場可以「創造」質量？想一想 $E=mc^2$，把算式倒過來就對了。

名稱	下夸克 Down	奇夸克 Strange	底夸克 Botton
電荷	-1/3	-1/3	-1/3
質量	質子的0.8%以下	質子的10%以下	質子的4.5倍
發現者＼時間	與上夸克同時於一九六七年在史丹佛線性加速器中心發現	一九四七年連同K介子被發現	雷德曼等人於一九七七年發現

這些是帶負電的夸克。其中又以奇夸克最為奇特。科學家在一九四七年發現K介子時（Kaons），K介子似乎奇怪得沒有道理，並且很快就衰變成反緲子和各種微中子，但質量實在太大（約為質子的一半），完全不同於任何已發現的粒子。

直到一九六四年，莫瑞·蓋爾曼（Murray Gell-Mann）提出夸克

的概念，科學家才恍然大悟，所謂的K介子，原來就是一顆反奇夸克和一顆上夸克或下夸克所組成。由於當初不了解它是什麼，所以才叫它「奇」夸克。

媒介子家族 The Mediators

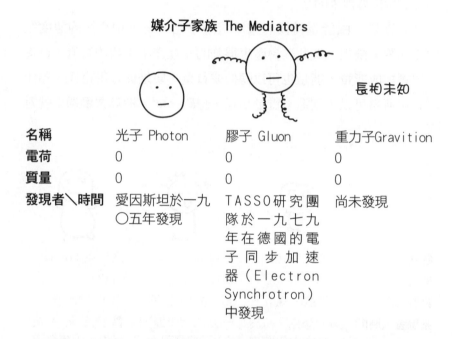

長相未知

名稱	光子 Photon	膠子 Gluon	重力子Gravition
電荷	0	0	0
質量	0	0	0
發現者＼時間	愛因斯坦於一九○五年發現	TASSO研究團隊於一九七九年在德國的電子同步加速器（Electron Synchrotron）中發現	尚未發現

　　這些粒子是零質量的媒介子，負責傳遞三種基本的力。雖說光子的發現日期應該不需列出，畢竟我們隨時都可以「偵測」到光子的存在。儘管如此，人類首度認識到光是由粒子所傳遞的，的確是拜愛因斯坦在一九○五年提出「光電效應」之賜。至於膠子則約於三十年前才發現到。

　　重力子，也就是重力場的媒介，到現在不僅尚未被發現，在廣義相對論中也並非必要條件。儘管如此，我們有充分的理由相信，跟其他幾種基本力相比，重力應該一樣需要媒介子的傳遞。

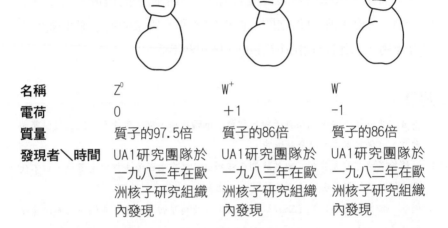

名稱	Z^0	W^+	W^-
電荷	0	+1	-1
質量	質子的97.5倍	質子的86倍	質子的86倍
發現者\時間	UA1研究團隊於一九八三年在歐洲核子研究組織內發現	UA1研究團隊於一九八三年在歐洲核子研究組織內發現	UA1研究團隊於一九八三年在歐洲核子研究組織內發現

　　這些矮矮胖胖的粒子，負責傳遞弱作用力。或許你有注意到，這三種粒子的帽子和長相都非常相似，這並非巧合。事實上，帶正電的W粒子和帶負電的W粒子，關係非常緊密，是彼此的反粒子。我們甚至可以說，理論物理學在二十世紀最偉大的成就之一，就是計算出W粒子的質量約為Z粒子的1.13倍。這個數字是希格斯模型直接預測出來的結果，後來許多實驗也證實，這個預測精準無比。

我們的主角：

156

　　至於我們的主角希格斯子，雖然不帶電，但魅力可一點都不少。在標準模型裡，這是目前唯一還沒有發現到的粒子，因此還不能確知質量。根據目前最合理的猜測，希格斯子的質量大概在質子的一百二十倍到兩百倍之間。由於它會和大質量的粒子產生強烈的交互作用，因此往往和頂夸克的關係糾纏不清。

註解

1 本書出版以後，要是大型強子對撞機**真的摧毀**地球，那我們要在此致上最誠摯的歉意，我保證本書可以全數退費。

2 這樣說並沒有誇大其詞。雖然我們已經知道，沒有東西能走得比光還快，但不代表我們就不能想辦法製造出很接近光速的加速器。

3 例如，當《電腦娃娃》（*Small Wonder*）連續播了四季以後，我們對人類的疼痛閾值（threshold for pain）就有了更深刻的認識。

4 指的是所有你所看得到、摸得到的物質。但暗物質（dark matter）的情況則假設不成立。

5 好好好，我們知道，早在公元前五世紀，德謨克利特（Democritus）和留基伯（Leucippus）就已提出「原子是宇宙中無法再被分割的最小單位」的概念，但他們所認為的原子，跟現今我們所知的原子不盡相同，兩者之間若有任何相似處，只能說純屬巧合。

6 當初，粒子的命名比較科幻，這是因為人們不知道物質究竟是什麼東西所組成，所以才有諸如「阿爾發粒子」、「貝他粒子」（beta particle）、「伽瑪射線」等名稱。今天，這些名稱已經用「氦原子核」、「電子」、「高能光子」等所取代。看來，相比之下，過去的時代比較酷喔！難怪近年來會出現所謂「蒸氣龐克」（steam-punk）運動，穿梭19世紀進行時空旅行。

7 對各位來說是一眨眼，卻足以讓數以億計的派子過完豐富充實的一生。

8 或許吧。關於這個問題，第九章會再談到。

9 驚奇四超人的超能力恰好得自宇宙射線，使得這個例子顯得更加貼切。

10 一個上夸克＋一個上夸克＋一個下夸克＝2/3＋2/3－1/3＝1。將所有夸克的電荷

加總，就可以得出質子的電荷。很酷吧！

11 這道算數就請各位自己計算囉。

12 有時候電子傳遞的訊息可能是：「你覺得我迷人嗎？」當然，其他電子總會回答它：「才不！」

13 其中W玻色子又可分成不同兩種，所以一共為三種。

14 相位這特性，不妨想像成是老式電視機的垂直定位（Vertical Hold）。就算畫面往上捲了一點點，內容是什麼大概還看得出來。

15 關於這一點，各位在閱讀第二章時或許就已經領悟到了。

16 要是你對這類世界末日的毀滅景象很感興趣，那麼大概也會對馮內果（Kurt Vonnegut）的小說《貓的搖籃》（Cat's Cradle）和鎮靜劑煩寧（Valium）很感興趣。

17 現年八十一歲，從事保母工作，家住密西根州貝爾丁（Belding）的艾瑟·克藍茲頓女士（Mrs. Ethel Kranzton），是弦理論的獨立發現者之一，她是在編毛衣時為了解釋那些礙眼的毛線團而發明弦理論的。儘管大多數編織工作者都接受她的看法，許多科學家卻批評她的理論「邏輯不清，還運用了許多困難且多餘的數學運算。」

18 年輕的讀者也許不曉得，小精靈（Pacman）是一種非常好玩的電玩遊戲，風行於一九八〇年代。它是個有嘴巴的黃色圈圈，將小白點全部吃掉就可以過關，螢幕左右兩邊有隧道可以互通，但是要小心別被鬼給吃掉。

時光旅行

「可以製造出時光機嗎？」

你是否曾想過要騎恐龍，跟俄國沙皇一起喝下午茶，或在期貨市場裡大撈一筆？或者，假設你是個殺手機器人，對於未來有人類會弭平機器人暴動，你是否會想阻止他的出生？若想做到上面這些事，無論如何，你都需要一部時光機，但是這東西可不便宜。在我們看來，要擁有時光機，最好親手打造，不過，雖然我們不會阻止你，但可以想像你的家人自然不會太開心，他們很可能會告訴你，時光機這東西不可能造得出來，甚至還會認為你瘋了。

時光機真的是天方夜譚嗎？瘋了又真的那麼糟糕嗎？

相較於發瘋，世上還有更糟糕的事，那就是你是一位科學家。一般科學家可能會用陰極射線示波器（cathode-ray oscilloscope）來放大電壓，瘋狂科學家卻會試圖用**冷凍光**（freeze ray）**來讓時間停止**。要是有機會重新選擇，我們可能會選瘋狂版科學來主修，而不選正常版科學。

譬如瞬間移動就是科幻世界裡瘋狂科技的標準配備。我們在第二章已經看到，瞬間移動不是沒有可能，我們已經掌握相關原理。只可惜目前能力有限，人類一次只能移動一粒原子，所以，還不如直接搬走比較省事。

科幻小說和漫畫裡那些神奇的玩意兒，儘管不見得違反科學事實，很多時候卻不值得我們奮力追求。或許，瘋狂科學家們麻煩纏身的原因之一就在於此。另一個可能的原因則是，在科幻世界裡的厲害機器，無論使用者是超人、壞蛋還是愛管閑事的小孩和狗，很多根本就嚴重違背科學原理。

❋恆動機可以製造出來嗎？

來看看老牌經典的恆動機（perpetual motion machine），在瘋狂科學中，這機器永遠不會喪失能量，不會故障，可以無盡運轉[1]，更屬害的，它甚至可以進一步不斷地**製造出**能量──**無中生有地**製造出能量。

儘管如此，雜誌編輯倒是很喜歡收到恆動機相關的稿件，因為這樣可以省掉很多力氣，只要將下面這句話回覆給投稿者就行了──「不可能，根據能量守恆定律[2]，你不可能無中生有。」儘管這樣說並不完全符合能量守恆定律，但意思基本上沒有錯；就宇宙而言，能量不可能被創造出來也不可能被消滅掉；在封閉的系統裡，能量固然可以轉換（能量變成質量、或質量變成能量），但總能量一定維持不變。

一個物理學家是瘋狂還是正常，有時候很難分辨。關於這一點，理查・費曼就是個好例子，他在加州理工學院時提出過一個關於恆動機的完美構想，只是費曼刻意留下了一個漏洞。想必大家都很想知道費曼的構想是什麼。為了說明起見，我們在這裡要介紹兩位深具科學家魅力的犯罪首腦，戴維博士和他的助手，羅伯傑夫，他們的實驗計劃如下：

一、戴維博士站在懸崖下方，朝懸崖頂端發射雷射光，羅伯傑夫則站在懸崖上用接收碟收集雷射光。

二、收集一定的雷射光後，羅伯傑夫再利用愛因斯坦那偉大的方程式$E=mc^2$，將光轉換成質量（細節省略不談）。

三、接著，羅伯傑夫將這團質量丟下懸崖；各位知道，物體在墜落時，能量會增加。

四、於是，大功告成！當物體掉到懸崖底時，能量就會變得更多。
於是，他們可以將能量放回雷射儀，再用來做更有用的事，例如發射更強大的雷射光等等。

這是恆動機嗎？

聽起來很聰明對吧？只是，這計畫不可能成功。這一點，費曼打從一開始就明白。

人類至今還無法打破熱力學第一定律，而剛剛的計畫也只不過證明了一件事：光一旦遠離重力源，**必定**會喪失能量。換言之，當雷射光從懸崖底部抵達懸崖頂時，能量必定會減少。相反的，要是

朝地球方向掉落，光的能量則會增加。這並非是沒有根據的臆測。一九五九年，哈佛大學羅伯·龐德（Robert Pound）與喬治·雷布卡（George Rebka）已經證明了這一點。兩人在學校裡的傑佛遜實驗室（Jefferson Laboratory；實驗室不高，只有七十四英呎，約23公尺）旁邊，朝上發射光子，測量光子損失了多少能量。

要進行這樣的測量並不容易。在龐德與雷布卡的實驗裡，光子損失的能量，僅佔初始能量的千兆分之一。換句話說，要是我們真的站在懸崖底朝上發射雷射光，直到雷射光飛入深太空（deep space），我們會損失的能量不過佔初始能量的十億分之一，難怪日常生活中不易觀察到此現象。除非重力變強，這種現象才會更容易觀察並測量。

白矮星（white dwarf star）就是個絕佳的例子。儘管體積與地球相近，白矮星的質量卻是地球的一百萬倍，因此重力也約為地球的一百萬倍。要是你置身於白矮星，體重將增加一百萬倍，這可不是開玩笑的。

儘管如此，宇宙中還存在了比白矮星更極端的環境。例如，想像一下，你站在一顆質量極大、重力極強的行星上，朝天空發射雷射光；光子愈飛愈高，喪失的能量就愈來愈多。

現在，再想像一下，這顆行星的密度極大，大到光發射出去以後，將喪失許多能量，最後光會轉過頭來掉回行星的地表。這可能嗎？要是一顆行星的質量大到連光都無法逃逸，應該連往上發射都辦不到。就好像一個愛玩的三歲小孩想要走上一道往下的電扶梯，不管他再怎麼努力，他就是會不斷往下，始終無法到達頂端。再者，若這樣的行星真的存在，就不會有地表，因為受到強大重力的影響，這個行星地表將會塌縮，甚至整顆行星將塌縮成一個點，這

在天文學上稱之為「奇點」（singularity）。

要製造出奇點並非易事。以我們的地球為例，要製造出如此強大的引力，地球體積必須壓縮到直徑約三分之一英吋（譯註：約0.84公分）。若為太陽，雖然太陽質量為地球的三十萬倍，但是要能把光困住，太陽體積必須壓縮到半徑小於兩英哩，比美國曼哈頓行政區還小。

這就是黑洞的基本概念。由於系統壓縮極致，光無法從黑洞中逃脫。事件視界是一個無法回頭的點位，就像一個看不見的疆界，一張單程車票，只要越過這個點，就再也無法回頭，在黑洞的超強引力下，不斷往質量巨大的中心墜落。任何事物，包括星星、找不到另一隻的襪子、便當盒或一顆粒子，只要一旦越過事件視界，就會墜入黑洞的無底深淵，即便是光子也無力從它貪婪之口逃脫。既然連光都無法逃脫，當然也沒有任何事物可以逃脫，別忘了，光速是宇宙的最高速限。

黑洞可以說是瘋狂科學家所最不可或缺的工具，用處很多。譬如可以用它來消滅可惡的敵人，或者將失敗的生物實驗品毀屍滅跡。但是對一個真正的瘋狂科學家而言，由於黑洞引力超強，最大用處就是令時間產生扭曲，所以可以用來建造時光機。

在我們介紹黑洞的形成原因和運作方式以前，在探討時光機究竟造不造得出來以前，我們應該先來回顧一下光子的特性。第二章說過，光子是光的組成粒子。

第二章也說過，看過一粒光子，就等於看過所有光子。因為光子與光子之間，唯一的差別僅僅在於能量多寡。光子的某些特性，乍看之下或許並不相同，但深究起來其實並無不同。以光為例，一粒光子所具備的能量，即所呈現的顏色，而光的能量與顏色相關的

特質，卻遠遠超出我們肉眼所及。

我們在第二章還討論到，光的行為很像是小小的波，能量愈強，波長就愈短。就此節討論目的而言，最重要的一點在於，既然光子是小小的波，那我們就可以測量出連續波峰通過固定點要花多少時間，這樣的時間單位就是波的週期（period of wave）。還記得我們在第一章談到銫原子鐘嗎？現在，我們總算可以告訴各位銫原子鐘為什麼很厲害。要是你追蹤銫原子所發射出來的光子，測量上一個波峰和下一個波峰相隔的時間，你會發現，它的運作就像一個小小的時鐘，是世界上最準確的時鐘。

光的波長愈長，波峰出現的頻率就相對緩慢。以無線電波為例，每百萬分之一秒（這個時間單位對次原子粒子而言簡直是永恆）會反覆跳動大約一百次。波長愈短，週期也愈短。懂了這些基本事實，還有前面介紹過的雷射思想實驗，愛因斯坦最偉大的成就之一——廣義相對論，也就不難了解了。

❋ 黑洞真的存在嗎，還是物理學家因為無聊而捏造出來的？

廣義相對論不但告訴我們重力如何運作，也正確描述了黑洞之類的東西。此外，它也告訴我們，時間和空間並沒有我們想像的絕對，一旦靠近黑洞，時空就會變得非常詭異。

假設戴維博士和羅伯傑夫打算把恆動機帶到某個地心引力很強的行星上，並且往上方發射雷射光，距離約為一個懸崖的高度。當雷射光抵達懸崖頂，會喪失部分能量，顏色會變得偏紅。照理說，我們在懸崖頂測量到的光子的週期，應該會比在懸崖底時測量到的

還短。

　　這就是光子版的銣原子鐘，現在讓我們實際地加以應用。假設戴維博士朝懸崖上方發射的雷射光，週期為一秒鐘（由低能量無線電波光子所組成），要是該行星的地心引力夠強，在懸崖頂上等待的羅伯傑夫，應該每兩秒鐘會看到一次波峰。

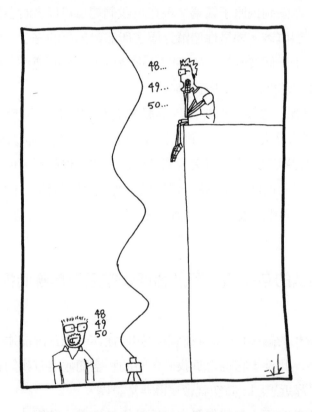

　　但怪事發生了。要是我們在懸崖底設定戴維博士的手錶，我們發現，五十秒過去後，我們會看到五十次波峰。但坐在懸崖頂上的羅伯傑夫，在同樣的時間內卻只看到二十五個波峰。

怎麼可能？

唯一合理的解釋是，相較於羅伯傑夫，時間對戴維博士而言過得比較慢。各位想想，戴維博士的錶走得比羅伯傑夫的錶慢一倍，代表他老化的速度也比羅伯傑夫慢一倍。這與我們在探討狹義相對論的時候一樣，並不是視錯覺。戴維博士的確老得比較慢，他的數位手錶也的確走得比較慢，他的行動看在羅伯傑夫眼中，就像是慢動作播放。

這樣的時間差，廣義來說確實存在。與巨大質量的物體距離愈近，時鐘就走得愈慢。地球也不例外，地表上的時間，比深太空中的時間還要慢，不過只慢了十億分之一倍。也就是說，一百年後，位在深太空裡的時鐘，將比地球上的時鐘慢三秒。是的，差異不大，但各位不需要感到意外。不過，稍後我們會看到，愈接近黑洞的事件視界，受到影響的程度就愈顯著。要是有太空人在事件視界附近休息，看在遙遠的觀察者眼中，會覺得這個太空人行動也未免太慢了吧[3]。

本章，我們要介紹許多叫人歎為觀止的現象，如蟲洞（wormhole）、時光機、宇宙弦（cosmic string）等。但我們要先介紹黑洞，因為黑洞的存在幾乎是確定的事，只是目前尚未實際觀察到。

不過，在討論有關黑洞的觀測證據以前，我們覺得有些誤解最好先澄清一下。

一、很多人以為，黑洞是殺人不眨眼的機器，事實不然。例如，要是我們的太陽突然間變成了黑洞，並不會有什麼有趣的事情發生。喔不，這樣說並不完全正確。例如，我們會死，只是死因很單純，只是缺乏陽光而凍死。不過，地球並不會馬上被黑洞

太陽給吞噬。儘管物體的大小已改變，運作原理並不會改變，在一定距離外的重力，大小仍維持不變，而地球也會持續在相同的軌道上運行。

二、黑洞雖然名為黑洞，但並非完全漆黑一片。光的確無法從黑洞中逃脫，但我們相信，黑洞表面應該還是會放射出微量的光。

一九七四年，史蒂芬・霍金（Stephen Hawking）提出了一個相當有趣的理論。他認為，儘管沒有東西可以逃出黑洞，但就在黑洞外的鄰近處，卻會有許多活動在此熱鬧上演。第二章說過，在事件視界附近，粒子和反粒子（如邪惡的電子和正電子孿生兄弟們）以成對的方式不斷生滅。假設有一組粒子剛剛誕生，其中電子出現在事件視界內，正電子則出現在事件視界外。電子當然從此不見蹤影，但正電子卻可能擁有足夠的能量逃離事件視界，最後在遠處被觀察到。當然，不管是哪一種粒子和反粒子（包括光子，光子的反粒子就是光子本身），都可能發生同樣的狀況。這意味著，即使沒有任何外力干擾，黑洞終將釋放能量與輻射。

聽起來好像無中生有，但要知道，這多餘的能量實際上是來自黑洞本身的質量，這個學說稱為霍金輻射（Hawking radiation）。根據這套理論，所有黑洞最後都會透過這種方式釋放掉所有的質量，然後煙消雲散。

但各位不需要屏息以待。

因為你等不到的，黑洞的消失要花很久很久的時間，以質量相當於太陽的黑洞為例，要多久才會完全消失呢？答案是，這個宇宙壽命的10^{57}倍。

　　以上包括我們對愛因斯坦的廣義相對論的詮釋（還加入一點量子理論），以及對黑洞的預測等等，雖然皆為理論，但我們已經有相當充分的證據顯示黑洞的確存在，甚至還有各種的大小和顏色。

　　體積最小的黑洞，質量可能比我們的太陽大不了多少。根據基本星際演化模型，次中量級的恆星（如太陽），大概在一百億年就會用光所有的氧，變成紅巨星（red giant），等到氦原子也使用殆盡，太陽最外層的氣體會像蛇皮一樣脫落，最後成為一顆燜燒的白矮星[4]。

　　但如果是質量比太陽大兩三倍的恆星，狀況則完全不同。這些恆星會以一種轟轟烈烈的方式結束生命，**也**就是發生大爆炸。這在天文學上稱為超新星爆炸。質量較輕的恆星，最後通常會變成一團密度極高的球，叫做中子星（neutron star），少數質量極大者，最後則演化成黑洞。天文學家已經見識過很多次的超新星爆炸，所幸爆炸地點都距離地球很遠，不然一定會造成人類大量傷亡。不過，我們從來沒看到過超新星爆炸的殘骸，也從來沒看到過黑洞。

　　既然如此，我們為什麼有把握黑洞一定存在？雖然，我們從來沒看到過質量如恆星般大小的黑洞存在，但是在大型銀河系中心，我們卻找到了大質量黑洞的蛛絲馬跡，而且最有力的證據，就存在我們自己的銀河系中。

　　自一九九〇年代中起，包括馬克斯普朗克協會（Max Planck Institute）的雷納・薛德（Rainer Schoedel），加州大學洛杉磯分校（UCLA）的安德里亞・吉茲（Andrea Ghez）等天文學家，開始針對我們銀河系中心的恆星運動進行觀察。二〇〇二年，觀察總算得到些許成果，而且發現相當驚人。年復一年，研究者觀察到，距離銀河系中心不到一光年的恆星，似乎一直動個不停，並且顯然繞著某

個密度極高、亮度極暗的東西為中心而運行。

　　過去幾年，隨著觀測數據日益精準，測量恆星運行軌道的時間加長，科學家愈來愈有把握，位在銀河系中心的這個物體正是黑洞，質量比太陽大四百萬倍——這樣的質量，從地球觀點來看雖然非常巨大，但是跟外太空體積最龐大的幾個黑洞相比，只能算是小巫見大巫！

　　許多我們目前所知，距離我們極遙遠的星體，其實都是以超大質量黑洞為能量來源。雖然黑洞本身不怎麼放光，卻會發出強大的引力，愈接近引力作用就愈大。當一團氣體朝著中央的黑洞墜落時，氣體會不斷加速，開始釋放出大量輻射。這類有其他物質環繞的黑洞，會釋放出龐大的能量，因此又稱為類星體（quasar）。由於釋放的光線非常強烈，幾乎整個宇宙都可以看到。在這些類星體中心，是一個個質量比太陽大逾十億倍的黑洞。

❀掉進黑洞會發生什麼事？

　　拉里拉雜說了這麼多，但是我們必須先討論黑洞才能建造時光機，這聽起來或許有點離譜，但並非沒有道理。重力會扭曲時間，而黑洞則是重力的絕佳來源，因此要進行時光之旅或許需要利用黑洞。儘管大多數時光機模型都不是以黑洞為理論根據，但因為這些機器的運作原理很簡單，因此在我們討論時光工程（chronoengineering）的細部構造之前，可以先透過這類模型來了解如何將時間扭曲。

　　因此，要造出實用的時光機，我們得先了解時間要如何可以扭曲，所以只好請戴維博士和羅伯傑夫再度出馬說明。假設他們兩個

想攻佔遺忘之星（Oblivion）這個黑洞，質量約為太陽十倍大，用來作為木星邪惡研究學會（Evil Research Academy）的根據地。

戴維博士生性謹慎（所以也比較聰明），他決定留在木星，在邪惡研究學會進行觀察。而外表英俊帥氣的羅伯傑夫，則全副武裝穿上太空裝，攜帶無線電發射接收器，套上有藍色閃光的外套。

當然，由於位於遙遠的深太空，遺忘之星看起來沒什麼大不了。如果它的事件視界看得到（事實上看不到），應該會像一個半徑約十八英哩的球體。儘管如此，跟其他星體相比，遺忘之星還是有一些與眾不同之處。例如，它的重力場擁有超強的威力，足以令光線彎折，所以戴維博士和羅伯傑夫能看到它背後的星星。

當然，這兩人可不能整天都坐在那裏讚嘆遺忘之星的美麗，最後，羅伯傑夫總算採取行動，雙腳朝下往遺忘之星跳了下去。一開始，羅伯傑夫並沒有注意到任何怪異之處，他不斷朝黑洞的方向墜落，速度愈來愈快，待羅伯傑夫墜落到距離黑洞約九千三百萬英哩處時（相當於地球和太陽間的距離），他正以每小時逾三十萬英哩的速度快速墜落。

沒錯，速度很快，但由於羅伯傑夫這時候是自由落體，處於無重力狀態，所以完全不會有任何特殊的感覺。

不過，當羅伯傑夫距離黑洞愈來愈近，他開始有一種奇怪的感受[5]，那就是，他腳部所受到的重力拉扯，比頭部所受到的重力拉扯還要強。一開始，他以為這只是自己失去方向感所致，但等到墜落到距離黑洞中心約四千英哩處（地球半徑），差別變得愈來愈大，與地球的總重力一致，感覺簡直就像五馬分屍。

這股如潮汐般的強大力量，毫不留情，隨著距離黑洞中心變得愈來愈近，羅伯傑夫發現自己的身體愈拉愈長，到了誇張的地步。

天文學家稱這個過程為「拉麵條」（spaghettification）。除了塑膠人（Plasticman）或奇幻人這類超能力者，一般人光是面對正常力量的拉扯，恐怕都要粉身碎骨，更別說自由伸縮，更何況這股潮汐般的力量如此強大，應該會致人於死。根據記錄，人類所能承受的最高加速度，大約是地球重力的一百七十九倍，但只能維持一秒。當羅伯傑夫墜落到距離黑洞中心七百二十英哩處時，他不但會持續經歷到這股重力的拉扯，甚至會面臨更恐怖的狀況。

　　在距離黑洞中心三百五十英哩處時，羅伯傑夫頭部和腳部所受到的重力拉扯，兩者間的差異將高達地球重力的一千五百倍，如此強大的差異，足以使他粉身碎骨。

　　你**知道**，時光旅行可不是什麼漂亮的事。

　　假設，羅伯傑夫平時都有乖乖吃早餐麥片，所以他的骨頭和健壯的四肢都可以抵擋如此巨大的力量。但飛到一半，他才想起自己忘記在身上裝設火箭推進器，因此如何才能從遺忘之星的強大重力場中逃脫？於是，就在接近黑洞中心約四十英哩處，他慌了起來

（但仍未失去男子漢大丈夫的英雄氣概），只好向位在邪惡研究學會的戴維博士發出求救信號。不過，從無線電發射器發射出去的光子，很快便喪失能量，戴維博士必須將訊號接收器調到很低的頻率才聽得到求救信號。

　　但戴維博士發現，即使羅伯傑夫用原先約定好的一○八兆赫發射訊號，他也接收不到，必須將頻率調低到國內公用無線電台（NPR territory）的範圍內才接收得到。這正是我們剛剛所討論的現象。羅伯傑夫以無線電信號形式發射出去的光子，很快會喪失能量，頻率降低。於是戴維博士調低頻率，終於從接收器裡聽到羅伯傑夫的聲音，應起來顯得格外緩慢低沈，彷彿一張七十八轉的唱片放錯音軌，或是美國靈魂樂大師貝瑞・懷特（Barry White）的唱片在正確的音軌上播放。

　　然而，就在羅伯傑夫持續往黑洞中心墜落時，他的無線電訊號終於消失無蹤。

　　還好，羅伯傑夫雖然忘記裝設火箭推進器，但兩個人畢竟算是有遠見，他的外套上還有藍色閃光，於是戴維博士持續監視著這些閃光的動向，只不過，這些閃光現在呈現的不是藍色，而是淡綠色，接著又變成黃色，然後變成紅色，最後變成肉眼看不到的不可見光，於是戴維博士只好用紅外線偵測儀追蹤羅伯傑夫的下落。

　　距離黑洞中心約十八英哩處，便是事件視界，但戴維博士注意到，羅伯傑夫雖然愈來愈接近那條不歸路，卻始終沒有跨越它。在墜落的整個過程中，羅伯傑夫似乎一直在黑洞**外**。但他身上外套裡的光線最後發生了紅位移（redshift），再也無法用紅外線偵測儀加以偵測，於是便像消失了一般。

　　另一方面，從羅伯傑夫的角度看，一切的一切似乎都是以快轉

的速度在發生,從邪惡研究學會傳來的訊號聽起來特別高亢。我們很想知道,在羅伯傑夫穿越事件視界那一刻會發生什麼事?

事實上什麼都不會發生,但是,一,他會死;二,他再也無法從中逃脫。羅伯傑夫也不會注意到自己是否穿越了事件視界,他只能義無反顧地墜向奇點。當然,進入事件視界後,光子再也出不去,所以羅伯傑夫的下場應該就是粉身碎骨,但有一點或許可堪安慰,羅伯傑夫從開始覺得不舒服(也就是開始感受到重達10G的重力拉扯)到結束,中間的過程只有大約十分之一秒。

儘管科學證據如此顯示,羅伯傑夫仍然很不幸。

✵我們可以回到過去,趁機收購微軟股票嗎?

誠如剛剛所說,黑洞附近的區域,重力場強大到足以扭曲空間甚至時間。於是我們不禁要問:戴維博士和羅伯傑夫是否可以運用廣義相對論,建造出瘋狂科學史上最偉大的機器,也就是時光機。不過,在討論時光機**如何**建造以前,我們或許應該先探討一下,一部好的時光機應該具備什麼功能?

相信大家小時候都玩過裝冰箱的箱子,我們小時候還在箱子上寫「時光機」幾個大字[6]。其實,從廣義的角度看,這東西的確是時光機,畢竟,箱子裡的人會以每秒一秒的速度移動,但我們相信,理想中的時光機應該還要更酷炫。

沒錯,我們可以做得更好。誠如我們在羅伯傑夫的冒險例子中所看到的,一旦靠近黑洞或白矮星,我們身上的鐘錶就會變慢,於是就能以比一秒還快的速度前進。藉由這一點,我們的邪惡雙人組就可以製造出一部還不錯的時光機,飛向未來,打造出一部太空

船，再駕駛太空船到黑洞事件視界外緣逗留一會兒後離開，這樣就有足夠的時間飛進未來。

但這是條單行道，無法回到原來的時間點。我們真正想要的時光機，是那種可以讓人回到過去、改變過去，以實現自己邪惡陰謀的時光機。

那麼，回到過去究竟可否辦到？根據第一章，透過適當的安排，我們是可以**看到**過去沒錯。事實上，我們一直都在這麼做；你所看到的**任何事物**，其實都是事物的過去。

當然，你想看的當然是更特別的東西，譬如克里米亞戰爭（Crimean War）或阿波羅11號登陸月球。在理論上似乎相當容易。譬如，如果想看到阿波羅11號登陸月球，只要在距離月球四十光年處架設一部性能超強的望遠鏡[7]。問題是，要抵達距離月球四十光年處，起碼要花費四十年的時間，畢竟沒有東西可以超越光速。因此儘管我們可以看到過去，但由於無法超越光速，要看到自己的過去應該辦不到。

當然，有個很方便的工具可以幫我們解決這個問題，那就是鏡子。假設宇宙在距離月球二十光年處，剛剛好有一面鏡子，那麼理論上，太空人當初登陸月球的情景應該可以透過鏡子的反射讓我們看到。問題是，除非非常幸運，才可能在宇宙中找到這樣一面鏡子。更何況，就算有這面鏡子，透過鏡子所看到的影像也會很小很小。

儘管看見過去的限制就已經這麼多，但是對大多數人來說，一部貨真價實的時光機，應該可以讓我們看到過去，也可以與過去互動，甚至**改變**過去，最起碼也要有辦法讓我們回到過去跟自己握個手。

　　廣義相對論學者把這類可以遇見過去的自己（或祖先）等情境稱為「封閉類時曲線」（closed timelike curve）。各位待會兒就會讀到，有一些假說不但完全符合相對論，甚至可以讓你跟年輕的自己碰面。

　　不過，在進一步介紹以前，必須先提醒各位。

　　首先，各位要知道，這裡的討論，事實上已經超出一般所謂物理學的範疇，進入哲學領域。但這對我們而言不是問題。不管是科幻小說還是科學哲學，時光旅行的基本原理大致都不會脫離下面兩種架構：

1.平行現實／平行宇宙

　　關於時光旅行，最顯見的問題，就是它讓人可以回到過去為所欲為。假設你不曉得哪根筋不對勁，腦袋裡居然出現了一個極端愚蠢的想法：要是我回到我父親出生以前，想辦法殺死我祖父，會發生什麼事[8]？你有辦法這麼做嗎？而且，就算你辦到了，對於之後的你又會有什麼影響呢？當你回到現在，這個現在有什麼不同嗎？

　　問題是，要是你殺死祖父，此刻的你就不可能存在，因此你一開始也就不可能回到過去殺死你的祖父。聽起來自相矛盾嗎？

　　這個「祖父悖論」（grandfather paradox）如何解決？

　　關於這一點，一個來自量子力學的解釋或許行得通。我們在第二章介紹艾佛雷特多重世界詮釋時提到，每一個量子事件都有可能導致平行宇宙產生。我們知道，在微觀的層次上，宇宙的確是隨機的，即便擁有再多知識，我們都無法預知某顆放射性原子會不會在特定的時間內衰變，或一粒特定的電子是朝上或朝下自旋。如果將宇宙當成電影重播，是否會發生同樣的事？老實說我們無從得知。

一粒電子的自旋，聽起來好像沒什麼大不了，但日積月累下來，聚沙也能成塔。還記得古老的諺語（有人說這段話出自富蘭克林）：

沒有釘子，就沒有馬蹄鐵；

沒有馬蹄鐵，就沒有馬；

沒有馬，就沒有騎士；

沒有騎士，戰爭就會失敗；

戰爭失敗，國家就會滅亡；

國家滅亡，居然只因為沒有釘子製造馬蹄鐵。

這段諺語的概念，相當於數學上的「混沌」（chaos）理論。不管是什麼系統（人類的歷史也不例外），只要在起始點上有所差異，即使差異再小，也可能令最終的結果變得非常不同。你或許知道這又叫做蝴蝶效應[9]（butterfly effect），意思是，蝴蝶拍擊翅膀的細微差異，可能在幾個月後對世界另一端的天氣造成不同影響。

總之，我們想強調的是，每一個平行宇宙，開始雖然幾乎一模一樣，但不久就會衍生出不同的歷史。

同樣的概念，同一個宇宙可以衍生出不同的平行宇宙，這也可以應用在時光旅行中。讓我們來看看祖父悖論要如何解決。假設你是一名住在A宇宙的時光旅行者，有一天心血來潮，想出了一個搗亂宇宙秩序的完美方法，於是打造出一部時光機回到過去，殺死了自己的爺爺。在A宇宙的歷史裡，這個事件並不存在，因此謀殺事件只能發生在另一宇宙，也就是B宇宙裡。要是將時間往回快轉，照理說我們應該能找到自己（也就是擁有原先記憶的我），但我應該會出現在B宇宙，而不是原來的宇宙。當然，我（A版本的我），只有一個，而且是存在於B宇宙。至於另一個我，則根本沒出生過。

　　各位看看，時光旅行的邏輯很簡單，不是嗎？

　　多重宇宙正是電影《回到未來》（*Back to the Future*）所採取的理論架構。這部電影十分經典，相信各位都很熟悉。一個名叫馬帝（Marty）的青少年，透過一部改裝過的迪羅里昂時光車（DeLorean）回到三十年前，卻不小小心破壞了他父母親的交往，只好想盡辦法挽回錯誤，再回到自己的時代。

　　當然，馬帝終究成功了。問題是，當他回到自己原本的時代，世界的歷史卻發生了重大的改變。從多重世界的觀點來看，當馬帝從A宇宙進行時光回溯時，A馬帝便已經消失了。當馬帝在改變未來時，他則進入到了B宇宙，因此他所回到的其實是B宇宙的未來。在此同時，B馬帝照理說應該回到了過去，改變時間線，再回到C宇宙……。

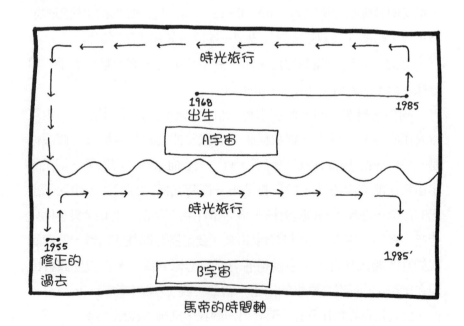

馬帝的時間軸

　　理論上，在A馬帝的操控下，宇宙如果發生夠大的改變，時光機的發明人布朗博士就不可能發明時光旅行。於是，一九八五年時的B馬帝，應該會身陷在B宇宙而無法回到過去。要是A馬帝回到了現在，而在B宇宙裡的馬帝也回來，這樣就會有兩個馬帝。與此同時，在A宇宙裡，馬帝應該會跟著時光車一起消失，從此不見蹤影。

　　在多重世界理論裡，就算你能抗拒想要殺死祖先或惡搞歷史的衝動，我們仍然會擔心過去的行為將影響未來，因為即使是看似無傷大雅的小事，也可能令歷史重新洗牌。

　　根據蝴蝶效應，無論是何種版本的時光之旅，只要改變了過去，就會產生平行宇宙。因此，這套解釋對我們而言等同於作弊。因為，對一個沒有進行時光之旅的觀察者而言，他看到的只是複製的人、死去的祖父和時光旅行者在現實世界中進進出出。但用這種方式解釋時光之旅，實在很難叫人滿意。

2.自洽（self-consistent）的宇宙

　　物理學和變魔術的最大不同點，在於物理學對宇宙提出的預測可經驗證。截至目前為止，並沒有任何直接的實驗證據顯示，我們的宇宙不是唯一的宇宙（也並沒有任何人提出任何獲取證據的方法）。宇宙如果只有一個，歷史應該也只有一種版本。

　　一九八〇年代中期，莫斯科大學的伊果‧諾維科夫（Igor Novikov）提出一套關於量子力學和時光旅行的理論指出，一套不自洽的歷史存在的機率基本上為零。但要注意他這套理論是建立在下面這個假設之上：平行宇宙並不存在。如果平行宇宙存在，這套理論的所有觀點就都不成立了。

　　在自洽的模型裡，一趟符合實際的時光旅行應該大致如下：

十八歲時，你遇到了一個更老的你，他告訴你要如何建造時光機，在意識到自己的命運後，你開始日以繼夜地趕工，十年後總算打造出一部時光機，並乘著它回到過去，給予年輕時的自己相同的指導。

問題來了。要是你企圖殺死過去的自己？要是你不打算分享建造時光機的祕密？甚至設法讓年少的你根本就不想打造時光機？

關於時光之旅，目前的兩種理論模型都不怎麼令人滿意。要是你贊成多重世界模型，那麼就違反諾維科夫的理論。另一方面，在自洽的宇宙模型裡，從事時光旅行的人顯然沒有自由意志。

關於上述困境，連物理學家也無法給出滿意的答案，我們只能假設，根據物理定律，不管時光旅行如何運作，都一定要維持自洽性[10]。

對物理學作家或宇宙本身來說，自洽的宇宙都要強韌許多。一方面，你應該問問自己為什麼想回到過去？畢竟，宇宙如果是自洽的，回到過去解決不了任何事，所以你應該不會有動機這麼做。另一方面，如果你純粹只是為了旅遊，想親眼目睹羅馬帝國的滅亡或歷史上第一場奧運，顯然就沒有理由不做。當然，如果有觀察者眼尖，應該會在觀眾席上發現你的存在。

因此，在接下來的討論中，我們認為，一段「好的」時光旅行故事，一定要以自洽的歷史模型為根據。因為，第一，在自洽歷史的架構下，要把時光之旅的故事述說得扣人心弦，會變得困難許多，因此我們覺得，誰要是有辦法做到這一點，便值得大加讚賞。第二，由於目前尚沒有證據證明平行宇宙的存在，因此單一歷史版本的時光旅行，最符合我們現階段對物理學的認識。更何況，在有關平行宇宙的故事裡，就算我們可以在自己的宇宙裡「修正」問

題，但這問題在其他宇宙裡通常得不到解決。能矯正自己的歷史固然是件好事，但如果這表示在其他數不清的宇宙裡，它將以悲慘的惡夢呈現，你還願意冒這個險嗎？

誰的時光之旅才正確？

根據上述標準，我們的大眾娛樂能夠得幾分？以科幻小說而言，大致上在自洽性這一點上都做得相當不錯，但有些則根本迴避了這個問題，例如經典小說《時光機器》（*The Time Machine*）裡敘述的故事，是發生在相當遙遠的未來，因此就算有時光旅人想要改變未來，恐怕也辦不到。另外，作家道格拉斯·亞當斯（Douglas Adams）的系列小說《星際大奇航》（*Hitchhiker's Guide*），內容則太過荒謬，根本不夠格稱為「時光旅行小說」。

至於電影和電視，表現則更糟，大多數的電視電影（最著名如《回到未來》和《超異能英雄》〔*Heroes*〕），基本上都假設未來尚未定案。胡說！如果你來自未來，未來當然早就已經成為定局！更何況，你之所以會想回到現在（或過去）採取某種行動，不正因為你已經目睹未來的模樣？

身為科幻迷，同時也是科學迷，每當我們看到電視或電影描寫時光旅行的情節，都忍不住要吹毛求疵。但描寫正確的也不是沒有。有鑑於此，羅伯傑夫好心地為我們寫了一份簡短的影評，附在本章末尾。我們認為，作一兩份詳細的個案研究也是有必要的。因此我們要提醒那些已經有三十年左右沒看過任何電影或電視節目的人，接下來的內容，也許會讓你大失所望。

《飛出個未來》（*Futurama*），第四季第一集，〈羅斯威爾喜相逢〉，二〇〇一年

　　一千年後的人類，科技水準將遠遠超出今日，而能夠進行時光回溯（雖然結果不穩定，但起碼是有效的），方法是：將金屬片送進微波爐，再目睹超新星爆炸。

　　《飛出個未來》這個節目，片中人物包括一個在某意外中被超低溫冰凍了一千年的披薩快遞員菲利浦・佛萊（Philip Fry），以及一個聰明機智、為達目的不擇手段的機器人班德（Bender）。三〇〇一年，兩人搭乘時光機回到了一九四七年，新墨西哥州的羅斯威爾（Roswell）。時光機降落時——事實上是墜毀，班德被炸得身首異處，還好佛萊撿到了它的頭。至於它的身體，則被誤認為是飛碟——是的，就是我們這個時代美國政府力圖掩飾消息的飛碟。

　　在羅斯威爾陸軍基地裡，佛萊找到了他爺爺，卻不小心將他誤殺。他在安慰自己奶奶的時候，突然恍然大悟，既然自己還活著，那麼這女人就不可能是她奶奶！

　　隔天早上，佛萊領悟到另一件更叫人毛骨悚然的事：這女人是他奶奶沒有錯，而他，卻在不知不覺中變成了自己的爺爺[11]。由於我們無法對自我持續的時間迴路進行干涉，因此應該說：佛萊**一直**是自己的爺爺，他做的這些事，不過是履行他在時間線上的責任罷了，儘管這不能為他的行為提供合理的藉口。

　　在佛萊等人逃離羅斯威爾的過程中，班德的頭掉出了太空船，這群人只好被迫逃回到原來的時代，也就是三十一世紀。後來，佛萊恍然大悟，班德的頭一定還在沙漠裡（沒錯，它一直在沙漠裡），於是這行人趕緊回到沙漠，挖出頭來，再接回班德身上。

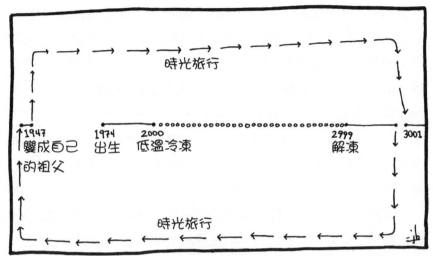

佛萊的時間軸

在這一集裡，佛萊和班德發現，他們的身世原來比自己想像的還要錯綜複雜：佛萊是自己的祖先，班德擁有一顆比自己身體還要老上一千歲的頭。這些情節聽起來或許不可思議，甚至荒謬愚蠢，但我們並沒有任何科學上的理由認為不可能。

《魔鬼終結者》（*The Terminator*），一九八五年

核武機器人大屠殺，大概是未來可能發生的最戲劇化事件之一。在天網（Skynet，相當於今天的網際網路，但卻是有意識、有精神病的個體）的領導下，手臂上裝有機關槍的人造人大開殺戒，令地球上血流成河、哀鴻遍野。

真令人興奮啊！

更叫人期待的是，那必然會發生的半寫實時光旅行。未來，有

一個名叫約翰·康納（John Connor）的人，會領導一群反抗軍對抗邪惡又嗜血的機器人，後來，他派了一個名叫凱爾（Kyle）的人類戰士回到過去（也就是現在，大約是一九八四年）去保護他母親莎拉·康納（Sarah Connor）。天網為了趕盡殺絕，則派出一名心狠手辣的殺手機器人[12]回到過去要謀殺莎拉。

憑著一紙照片，凱爾找到了莎拉，盡全力保護她的安全。但凱爾最後愛上她，兩人相戀，最後生了一個孩子──也就是日後的約翰·康納，反抗機器人的叛軍領袖。

凱爾和莎拉不但解除了機器人的威脅，挽救了莎拉和約翰的性命，還拍照留念，這個信物，最後傳到凱爾手上，兩人於是再一次墜入愛河。這個迴圈是自洽的，要是當初天網思考縝密，應該會領悟到，既然約翰在未來是活著的，他在此刻就不可能被殺死，因此想要謀殺他可以說從一開始就徒勞無功。

當然，天網要是有領悟到這一點，就不會派出魔鬼終結者回到過去謀殺莎拉，而凱爾也就不會跟著機器人回到過去，這樣一來，約翰就沒有機會出世了。哇！

這是否意味著，未來將有一個無法理解自洽時間迴圈的電腦網路，領導一群機器人對人類進行造反。我們猜測是有可能的。

✴如何製造實用的時光機？

前面已經說過，廣義相對論會對時間的流動造成什麼奇怪的影響，而時光機哪些事情辦得到、哪些事情辦不到，基本原則我們也已交代。要是各位知道，真的有物理學家在針對實用的時光機是否可能製造或如何製造，忙著發表論文，可能會嚇一跳。在交代完所

有基本原則後，現在，我們總算有機會來解答本章最主要的問題，一部符合所有已知物理學知識的時光機，到底要如何製造出來？

1.蟲洞

　　根據廣義相對論，像太陽或黑洞這樣的超大質量體，可以令空間和時間產生扭曲。但空間的扭曲是**局部**現象，譬如，將一張扁平的紙（沒有扭曲）捲成筒狀，要是有一隻小螞蟻爬在紙上，牠並不會注意到這張紙捲了起來。

　　理論上，空間可以「彎折」這個事實，正好可以用來建造時光機。空間可以彎折，是蟲洞概念的精髓所在，而蟲洞則是科幻小說數十年來最熱門的題材。理論上，蟲洞可以讓愛因斯坦的廣義相對論方程式得到解答，只要扭曲空間，就可以創造一條通道讓兩個原本相距遙遠的點得以相連。

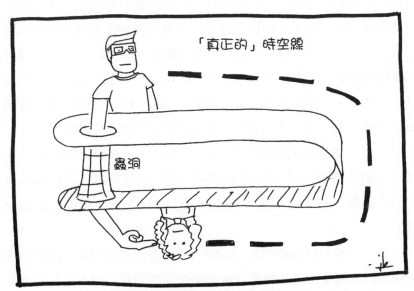

一位物理學家如何在鬼抓人遊戲裡有效作弊？

從遠處看過去，蟲洞入口跟黑洞有點像。從局部觀之，蟲洞就像一顆球，可以看到另一側的洞口。但不同於黑洞的是，蟲洞的引力，並不會隨著距離的接近而增強，人或太空船在穿越蟲洞的過程中也不會被強大的引力給扯得支離破碎。

黑洞究竟存在與否，我們連嚴格的間接證據都沒有，更遑論蟲洞。關於蟲洞的直接證據或間接證據，都完全付之闕如，甚至有學者懷疑，在宏觀的層次上，蟲洞根本就不存在，不管著名科幻小說家亞瑟·克拉克（Arthur C. Clarke）怎麼期盼和祈禱都沒有用。我們只能說，根據廣義相對論，蟲洞**有可能**存在。

蟲洞的運作基本原理如下：進入蟲洞某一端的洞口，再從另一個洞出來，就可到達十萬八千里之外。甚至只要設計得當，你還可以透過蟲洞輕易超越光速。至於這東西製造起來有多麼困難，我們暫且不談，目前只要知道其運作原理就夠了。它聽起來很像是一種厲害的瞬間移動機器，可是要如何利用它來進行時光旅行，方法就不是那麼顯而易見了。但沒有關係，因為這其中最麻煩的工作已經有人處理好了。加州理工學院的基普·索恩（Kip Thorne），在《黑洞與時間扭曲》（*Black Holes and Time Warps*）一書中提到，他和兩名學生麥可·莫里斯（Michael Morris）及烏耳維·葉特賽佛（Ulvi Yrtsever），在一九八八年提出用蟲洞來製造時光機的構想。

要將一部厲害的瞬間移動設備，改造成一部超級厲害的時光機，我們必須先了解，透過蟲洞所能走的距離，跟蟲洞內部的長度完全無關。進入蟲洞後，沒多久就會走出洞口（從你的觀點來看）。

為求具體，且讓我們舉例說明。還記得前面提到過那位謹慎卻乏味的戴維博士，以及性喜冒險卻衝動莽撞的羅伯傑夫，為了探索

黑洞所進行的冒險？這兩個人又出現了，這次他們的目標是要製造出一個小蟲洞，尺寸一方面足以讓一個人從中通過，一方面則又可以將蟲洞的洞口放進太空船裡。為求方便，戴維博士將蟲洞的洞口一端放在他家客廳原本擺放電視機的地方，如此一來就可以輕輕鬆鬆看到羅伯傑夫所駕駛的太空船內部。

三〇〇〇年一月一日，羅伯傑夫登上太空船，以高達光速百分之九十九的速度穿越蟲洞。在駛離地球大約七光年後，他決定折返，最後在三〇一四年一月一日返抵地球。要是你覺得上面的數字有點眼熟，不用感到奇怪，因為，我們在第一章探討孿生子弔詭時用的就是一模一樣的數字。

但各位應該也還記得，從羅伯傑夫的觀點來看，這中間的過程只花了兩年。於是，怪事發生了。儘管戴維博士和羅伯傑夫能透過蟲洞看見彼此，但蟲洞內部並不曉得有任何人在移動。因此假設戴維博士接下來整整兩年都透過蟲洞內部對羅伯傑夫進行觀察，他會看到羅伯傑夫搭上太空船，發射升空，駛向外太空，一年後進行折返，再過一年就回到地球。因此他預期，三〇〇二年，他應該可以在自家外頭的草坪上看到羅伯傑夫歷劫歸來。

但這麼想是註定要失望的。戴維博士只能望眼欲穿地看著天空，十二年後才能看到羅伯傑夫從蟲洞另一端回到地球上。

再想想下面的狀況。坐在自家客廳裡的戴維博士在三〇〇二年時透過蟲洞看到了羅伯傑夫在三〇一四年折返地球。也就是說，他可以預見未來甚至造訪未來，或者說，羅伯傑夫可以重返過去。事實上，透過蟲洞，任何人都可以辦到這一點。有了蟲洞，任何人都可以輕易穿越時光之流，回到十二年前，或者從戴維博士家的客廳走到不遠處的草坪上。

可是，請注意！這樣的一部時光機固然可以讓你回到過去，卻不代表你可以在過去為所欲為；原因剛剛已經討論過了，這是因為過去已經發生，無法改變。

這部時光機還有一個重大限制，就是無法回到時光機製造出來之前。這一點有助於回答一個惱人的問題（想必你心中也有這個疑問）：為什麼我們從來沒有遇到過未來的時光旅人來探訪我們？原因很簡單，時光機還沒製造出來啊！

不只如此，這樣的時光機設計還其他問題。例如，要保持蟲洞一直開啟，是一件非常困難的事，因為只要有物質或能量穿越蟲洞，重力就會吸引蟲洞的外緣往內縮，導致洞口關閉。因此，蟲洞很有可能在還來不及發揮任何作用以前就已經塌縮了。要如何讓蟲洞保持開啟呢？索恩聲稱，這需要「異物質」（exotic matter）的幫忙；所謂異物質是一種能量密度為負的東西。但異物質是否存在就是一個問題，即使存在，異物質量在正常情況下也應該不多，不過，似乎可以在會導致黑洞產生輻射的場裡找到。

但這樣可能還不夠。由於量子力學和廣義相對論，是彼此扞格的兩套學說，蟲洞模型卻試圖加以整合，這恐怕是蟲洞模型最大的問題所在。

如果你打算用蟲洞理論來製造時光機，我們只能祝你好運。在微觀的尺度上，蟲洞或許存在，也或許不存在，但截至目前為止，我們還沒有發現到任何體積如太空船大小的蟲洞存在，也不曉得要如何加以製造。而且，就算製造出來，它也很可能在你或任何東西穿越其洞口以前就塌縮了。

2.宇宙弦

宇宙弦跟弦理論的弦完全無關,唯一的共同點,兩者都是以弦作為比喻。宇宙弦是一種密度極高、長度極長,或彎曲成某種迴圈的東西。各位可以想像,這東西會產生極強大的重力場,因此可以令空間嚴重扭曲。

一九九一年,普林斯頓大學的理查‧哥特(Richard Gott)根據宇宙弦發展出一套時光機模型,並且在《愛因斯坦宇宙中的時光旅行》(*Time Travel in Einstein's Universe*)一書中對該模型做了詳細的介紹。

在廣義相對論裡,兩點之間的最短距離不見得是一直線。我們可以利用這一點,來進行各種有趣的「超越光速」之旅。例如,各位不妨想像一下,在距離地球很遠很遠的地方,有一顆名叫魁格納七號星(Quagnar VII)的行星,在這顆星和地球中間,存在有兩條宇宙弦。

羅伯傑夫決定,他要到魁格納七號星旅行一趟,而且愈快愈好。由於宇宙弦會扭曲它附近的時間和空間,因此沿著宇宙弦旅行,會比一直線從中穿越還要快。假設有人在羅伯傑夫出發的同時,朝中心發射一道雷射光,即使羅伯傑夫的太空船僅能以光速百分之九十九點九九九九的速度前進,還是比雷射光快。

最後這一點尤其重要,因為「光」是相對論中最最重要的元素。假設羅伯傑夫的弟弟羅伯丹也決定要到魁格納七號星玩一趟,他從地球高速發射太空船,沒有利用宇宙弦而是走中間路線。結果他將驚訝地發現,羅伯傑夫居然比光束早一步抵達魁格納七號星。甚至,從羅伯丹的角度看,他很有可能在哥哥發射升空(和光束發射)**以前**,就已經抵達了目的地。這應該也算是一種時光旅行,雖

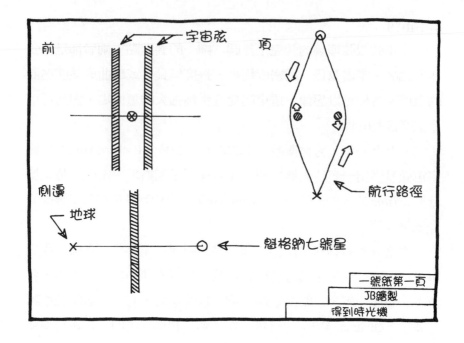

然不是特別實用。儘管羅伯丹說，羅伯傑夫還沒出發就已經抵達了目的地，這個事實對他而言卻沒有多大用處。譬如，羅伯傑夫並不能回到過去跟自己握握手，因為他回去時，人已經離開了。

　　只要讓宇宙弦以接近光速的速度前進，宇宙弦就可以從奇特的玩意兒變成為實用的時光機。為了簡單說明起見，且讓我們假設，右邊的宇宙弦是朝地球的方向前進，左邊的宇宙弦則朝魁格納七號星的方向前進，兩者的移動速度都非常快。

　　我們在討論蟲洞時光機時所使用的小技巧，在此也可以派上用場。假設，戴維博士坐在兩條宇宙弦之間的中點，由於沒有移動，他身上鐘錶的移動速度應該跟地球上的觀察者一模一樣。

　　接下來，有趣的部份來了。當羅伯傑夫駛離地球，依逆時鐘方

向在這兩條弦周圍各繞了一圈。我們知道，對一個正在兩條宇宙弦之間移動的觀察者而言，他會看到，羅伯傑夫還沒出發就已經抵達目的地了。

不僅如此，在回程的路上，戴維博士會看到一模一樣的現象，只不過這次羅伯傑夫是沿著左邊的弦繞飛。戴維博士會再度看到，羅伯傑夫還沒離開就已經抵達了魁格納七號星，而且，這一切都發生在他離開地球以前。

讓我們再說一次：在戴維博士或地球人眼中（尤其是地球人），他們都看到羅伯傑夫還沒離開地球就已經回到了地球。如此一來，羅伯傑夫將可以回到過去，跟離開地球前的自己握握手，並且在符合時光旅行定律的範圍內任意改寫歷史。

當然，這其中仍然存在了幾個重要的限制，就像蟲洞時光機，你還是無法回到時光機製造出來以前。

此外，這裡頭還存在了一個重大的物理難題。目前，我們尚未觀察到任何證據顯示宇宙弦確實存在，而要是宇宙弦不存在，我們只好自己製造。問題是，宇宙弦就算有辦法製造出來，也一定非常困難。畢竟，根據我們這部時光機的設計，宇宙弦的長度必須無限長，因此所要花費的時間也就永無止盡；再者，要如何將巨大的宇宙弦加速到接近光速，也是個令人頭痛的難題。

那麼，宇宙弦時光機到底有沒有可能製造出來？我們當然不敢說「不可能」，但絕對是一項艱鉅的挑戰。

✳ 我究竟是否可能改寫歷史？

說了這麼多，我們要問：時光機到底有沒有可能製造出來？

幾乎不可能。

從物理學的角度看，超文明（super-civilization）有沒有可能存在？不無可能，只不過，超文明的存在，決定在一個非常重要的前提上，就是蟲洞、異物質或宇宙弦等也一定要存在，且該文明的科技必須極為先進，能掌握和操控極大的能量。

此外，時光機還有幾個實際上的限制。任何一部根據廣義相對論製造出來的實用的時光機，都有兩個內建的安全機制。第一，搭乘時光機進行時光回溯，最早只能回到時光機發明出來之後；第二（這一點更加重要），所有時光機都必須符合諾維科夫定理，即宇宙的歷史只能有一個版本。

針對索恩所提出的蟲洞時光機，德州大學的喬・普金斯基（Joe Polchinski）提出了這樣的回應，他問，我們能不能設計出一個相當於祖父悖論的實驗，但實驗中用的是撞球？如此一來，我們必須將蟲洞放進太空船，但實驗中的時間差只三、四秒，而不是十二年。

假設你將撞球的母球射進這部蟲洞時光機的某個洞裡，而這個洞代表後來，那麼，在你擊出這顆球以前（照理說應該在你擊出球以後），應該就已經有另外一顆球從代表之前的洞裡飛出來了。

就好像迷你高爾夫，你將球打進小丘上的洞裡，這顆球就會穿越小丘底部的管子飛出來給你，只不過，在這個怪異的例子裡，早在你將球擊出以前，這顆球就已經從第二洞裡飛了出來。

假設有一個技術不錯的球員，將撞球瞄準射進第一個球袋裡，以致於球還沒擊出，就已經有第二顆球從蟲洞裡鑽出來攪局。問題

是，既然球還沒擊出，跑出來的究竟是什麼？

以上所述，建議各位不要嘗試，結果並不會如你所料。

索恩和他的弟子們以量子力學為工具研究了這個問題。還記得嗎？我們在第二章說過，在量子力學的世界裡，一個粒子從A點到B點，會行經所有可能的路徑，但由於不同路徑會互相干擾，以致於最後觀察到的結果是單一的。同樣的事也會發生在我們這部時光機裡，迫使「過去版」和「未來版」的撞球只能用單一方式產生交互作用，使得它能夠完全符合同一套歷史。

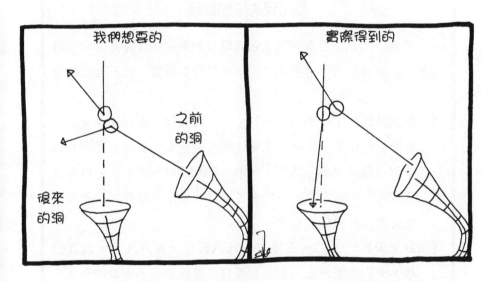

假設，你真的擊出剛剛所描述的那神奇的一擊，最後會發生什麼事？沒錯，你擊出了球，可是，就在擊出的球掉入蟲洞的第一個球袋（代表後來）之前，一顆一模一樣的球已經從第二個球袋（代表之前）裡飛了出來，而稍稍打歪了你擊出的那顆球，儘管球最後還是會掉進蟲洞，但角度卻跟你原本期待的有所出入。別忘了，你

擊出這顆球只有一個目的，就是打亂自己的球局，而且你也辦到了。由於你擊出的那顆球進入蟲洞的角度不同，因此你預計這顆球應該會以某種角度從蟲洞的第二個球袋（代表後來）飛出來。結果它果然是以你所預計的角度飛出來。

因此，儘管用你想要的方式去進行時光之旅吧，等你回來，「現在」還是會在這裡等待著你。

羅伯傑夫簡短影評

注意：本影評旨在評論電影或電視影集在描述時光機時，對於自洽宇宙模型或平行宇宙模型的運用是否得當，而不是在評論其整體品質。

《未來總動員》（*12 Monkeys*），一九九五年，★★★★★：這部電影是描寫一件發生在費城的超級懸案，從電影裡面可以看到，絕不要跟布萊德‧彼特（Brad Pitt）同住在一個屋簷下。此外，這部電影也提出了有力的證據提醒我們，千萬不要看著未來的自己自盡。

《回到未來》一、二、三集，一九八五，一九八九，一九九〇年，★：改變過去，並不會讓自己慢慢消失。各位媽寶，不好意思。

《浩劫餘生》（*Conquest of the Planet of the Apes*），一九七二年，★★★★★：未來的猿猴生下一隻智力絕佳的猩猩，牠搭乘時光機回到一九九一年，帶領猿猴反抗人類。要是達爾文知道這群猩猩只花了五年的時間就能夠說一口流利的英語，非氣死不可。

《超異能英雄》（電視影集；二〇〇六年開播至今）★：主角廣雄（Hiro）發現自己一輩子所崇拜的偶像，原來就是他自己，他的自我膨脹到了極點，甚至設法改寫一個不可能發生的未來。

《命運之門》（*Primer*），二〇〇四年，★★★★：兩個感情很要好的朋友，無意間用氫元素和老舊的滅音器造出了時光機，最後卻大開殺戒，拚命殺死自己的替身（替身也設法殺死本尊），然後又有更多的替身（或本尊）穿梭時光阻止殺戮。

《時空怪客》（*Quantum Leap*），電視影集，一九八九年至一九九四年，★：山繆‧貝奇特（Samuel Beckett）博士和他想像中的朋友，為了修正過去的歷史，於是回到過去，入侵別人的身體。如果這部影集可信，科學家就能教麥克‧傑可森跳舞。

《星際爭霸戰》第四集，一九八六年，★★★★：誰曉得寇克艦長和部下到底有沒有改變過去？電影裡他們只不過綁架了幾隻鯨魚。

《時光機器》（*The Time Machine*），一九六〇年，★★★★：喬治‧威爾斯（George Wells）進行時光回溯，回到了八十萬年前，卻發現了某個象徵善與惡分野的事物。但從電影可見他根本沒有改變過去。

《時空特警》（*Timecop*），一九九四年，零顆星：二〇〇四年，時光旅行尚屬違法，身為時空特警的尚克勞范達美（Jean-Claude Van Damme）卻能在不改變歷史的情況下拯救亡妻的性命。

註解

1 本書作者起碼有一位一直以為,《紐約新年狂歡倒計時》(New York's Rockin' Eve)節目主持人迪克・克拉克(Dick Clark)本人就是一部恆動機。

2 這個定律實在是太基本了,因此被稱為熱力學第一定律。

3 監理處(Department of Motor Vehicles)工作人員在服務客戶時非常敬業,因此我們拒絕用這樣的冷笑話來嘲笑他們。

4 把「太陽」替換成「尼克・諾特」(Nick Nolte),再把這一段重讀一遍,會很有趣。

5 這同時也代表實驗成功了。

6 而且裡頭最好有一、兩個反寫的大字,就像玩具反斗城(Toys"R"Us)的商標。

7 本書寫作時,距離阿波羅11號登陸月球大約已有四十年。當然,計算出這個數字十分容易。

8 殺父弒祖?我們不曉得物理學家為什麼老愛提出一些變態的假設,但我們又有什麼資格來爭執呢?

9 但各位可別把這跟那部恐怖驚悚、探討時光旅行的同名電影給搞混了。

10 好好好,我們知道,我們提出這個假設有點像是在迴避問題。但自由意志相對於決定論一向是有史以來的大哉問,各位才花這麼點錢買這本書,就指望能得到解答嗎?

11 還好,相關細節電視上只是簡單地輕輕帶過。

12 這名殺手機器人就是上任加州州長。

6

擴張的宇宙

「如果宇宙正在擴張，會擴張成什麼？」

有功勞則嘉勉。感謝《紐約時報》、公共電視台和探索頻道的專題報導，及種種暢銷的科普書[1]，一些科學術語才會進入一般人的意識。隨便問個路人：宇宙此刻正在幹嘛？他大概會回答你：在擴張。不信嗎？請你不妨去問問看。

但是，我們敢打包票，要是你回頭再去問他，「宇宙正在擴張」是什麼意思？他恐怕無法給你一個滿意的答覆。這時候我們就可以派上用場。

首先我們要說，宇宙在擴張「不是」什麼意思。電影《大國民》（Citizen Kane）裡頭有個場景：查爾斯和愛蜜麗各坐在早餐桌的兩端，想像幾年後，桌子會愈變愈長，兩人之間的距離也愈來愈遠[2]。但是宇宙的擴張並不是這個意思。你的桌子不會變長，地球不會長大，太陽系也不會變大，我們這個直徑達數萬光年的銀河系，因為地處「偏遠」，所以並不會隨整體宇宙一起擴張。

位於兩百二十萬光年外的仙女座星系（Andromeda Galaxy）其實正以每小時二十七萬五千英里的速度向我們墜落，很可能會撞上我們的銀河系，但是要目睹這個情景發生，卻要再等上三十億年。在《星際大奇航》裡，亞當斯說得沒錯：「外太空很大，大到我們無法想像，難以置信，我的意思是說，你可能以為那就像去市區藥局那麼遠，但實在地，對外太空而言，那不過像是一粒花生米。」本章的內容主要在探討外太空究竟有多空曠，為了讓各位有點概念，在這裡先告訴各位，即使銀河系和仙女座星系兩者一起大跳探戈，其中任何兩顆恆星相撞的機率也不大。而人類的末日更不會肇因於恆星的相撞，因為，早在這之前幾十億年，我們的太陽恐怕已經變成了紅巨星，地球上的生物早已全部烤焦。

什麼？世界末日？如此恐怖的話題就先別談了，畢竟這是本積

極進取的書，我們真正想告訴各位的是，表面上看來無害的宇宙擴張的實際模樣。當我們將目光投向三千萬光年外的太空時，我們發現，幾乎每一個星系都正在遠離我們。更奇妙的是，距離愈遠的地方，離開我們的速度似乎愈快[3]。

　　一九一七年，羅威爾天文台（Lowell Observatory）的維斯托·斯里弗（Vesto Slipher）首先觀測到，幾乎所有星系都在往後撤退。當時，這一點還引起了軒然大波：在望遠鏡裡看到的那些黯淡的光點，究竟是銀河系裡的星雲，還是本身自成一體的島宇宙（island universe）？事實證明，正確的答案是後者。

　　問題是，星系與星系間的距離，比各位想像的還要難以測量。無論你在科幻小說裡讀到了什麼，我們都無法在身後裝上一副捲尺，再飛往其他的星系或最近的恆星。因此，當聽到天文學家說「渦狀星系（Whirlpool Galaxy）距離我們兩千三百萬光年」，你應該要好奇這個數字是怎麼得出來的。

　　儘管如此，當星星或星系距離我們愈來愈遠，亮度就會愈來愈暗。利用這個效應和標準燭光（standard candle），我們便能估計星系的距離。假設你到五金行裡買了一顆一百燭光的電燈泡，回家後裝上，打開開關，然後走出去。走得愈遠，你眼中看到的燈光就愈暗。因為你知道自己在靠近燈泡時光線有多亮，因此往外走時，便可以根據燈光變暗了多少來估計你走了多遠。可惜外太空裡的星系並不是我們從家得寶（Home Depot）超市裡買來的，我們無法得知這些星系的亮度原本是多少瓦。

　　愛德溫·哈伯（Edwin Hubble）堪稱二十世紀初最偉大的觀測天文學家，但也無法精準算出星系的距離。一九二九年，他試圖測量其他星系的距離和表面上後退的速度，這就是所謂哈伯定律

（Hubble's Law）。在最早的論文裡，哈伯將星系的距離低估了約八倍，而在這過去二十多年間，許多學者則提出論文指出，哈伯當初所預估的距離，也就是所謂哈伯常數（Hubble constant），和實際值相差兩倍[4]。一九八九年和一九九〇年依巴谷衛星（Hipparcos satellite）和哈伯太空望遠鏡（Hubble Space Telescope）相繼發射升空之後，天文學家有了更精準的資料，便得以精確測量出哈伯常數，誤差不到百分之幾。

宇宙的擴張之謎，另一個難題在於如何測量星系遠離我們的速度。測量的方式類似於交通警察估算道路駕駛開車的速度——都卜勒移位（Doppler shift）。相信你在消防車經過時注意過都卜勒效應。當消防車駛向你，你會覺得警笛聲聽起來比平常來得高；當消防車遠離你，你會覺得警笛的聲音變低。光也和聲音一樣；當光源朝你接近，你看到的光會比平常更藍；當光源離你愈來愈遠，你眼中的光則會變得更紅，而且，光源離開的速度愈快，紅位移的效應就愈大。

假設我們將《芝麻街》裡的餅乾怪獸（Cookie Monster）以光速的四分之一丟出地球，用我們的望遠鏡觀察，他身上藍色的毛就會變成鮮紅色。在觀測天文學家眼中，他看起來會跟艾摩（Elmo）一樣，只是他可能不像艾摩那麼怕癢。

我們知道，探討這個主題的書籍多半只說，各星系正在遠離我們，而不會多做解釋。但我們對你有信心，相信你可以了解更多，因此決定說明宇宙的擴張到底是怎麼回事。

的確，宇宙正在擴張，但宇宙裡的星系都動也不動，是周遭的空間在擴張。這麼說好像在雞蛋裡挑骨頭，但這一點其實很重要。

當某個遙遠星系發射出光芒，光子便踏上漫長的旅程，離開

「時速275000英哩？看好了菜鳥！
我們會逮到這隻銀河！」

自己的星系，朝我們的方向而來。然而在光子移動的過程中，宇宙
會擴張，而且，光子抵達地球的時間愈長，宇宙擴張的時間也就
愈長。這樣的擴張會對光造成影響，而且這個效應各位剛剛已經看
到。「光子」擴張，代表波長會增加。而光的波長，又決定了光的
顏色。因此要是宇宙在光子移動的過程中擴張，光子的顏色就會變
得愈來愈紅。而且，光的源頭愈遠，花費的時間就愈久，宇宙擴張
的幅度就愈大，而光子所產生的紅外移也就愈顯著。

✴宇宙中心何在？

各位或許跟我們一樣，從小就被教導，人類的世界，位處在宇宙的中心。乍看之下，哈伯對宇宙的種種觀察也似乎證實了這一點。宇宙中各星系的一切，似乎都正在快速地遠離我們（或我們周遭的宇宙正在擴張等等），於是我們很難不認為我們的確很特殊。畢竟宇宙中的一切都正在遠離我們，這豈不代表我們位在宇宙的中心？

要解答這個問題，我們應該見見坦特克羅斯人（Tentaculan），假設這是一群住在距離我們約十億光年外的天文學家。這群天文學家的首領之一是史納戈博士（Dr. Snuggles），如果你想跟他見面，很遺憾，因為星系位在十億光年外，就算透過無線電波向坦特克羅斯七號星（Tentaculus VI）發出要求見面的訊號，恐怕也無法收到回音。運氣好的話，你或許可以收到他的曾曾曾⋯⋯孫女（五千萬個「曾」）給你的回音，提醒你史納戈博士已不在人世，但這個訊息抵達地球時，又一個十億年過去了（她必須馬上回應），到那時，你的後代恐怕也已經忘了你曾經發出過這樣的訊號了。總之，我們無法真正見到史納戈博士，因此也無法問他，他在望遠鏡裡看到了什麼。

但真正的情形恐怕還要更加複雜，因為宇宙正在擴張，因此我們向坦特克羅斯七號星發出的訊號，恐怕要花上比十億年更長的時間才會到達目的地，更遑論要收到回音了。這就好比要測量一條鰻魚的長度。尺是直的，但由於鰻魚動個不停，因此等到你量好了頭的長度，才發現尺的下半部已經歪掉，沒對準鰻魚的身體。

沒關係，不管怎麼樣，我們都知道史納戈博士透過望遠鏡看

　　到了什麼。他看到的跟我們在地球上看到的一模一樣，宇宙中的所
有星系都正在飛離坦特克羅斯七號星，而且，距離愈遠，星系撤離
的速度就愈快。但坦特克羅斯七號星的極端民族主義者，則決定將
之詮釋為：這個現象無庸地證明了，坦特克羅斯七號星是宇宙的中
心。

　　問題是，哈伯博士和史納戈博士怎麼可能同時正確呢？這兩個
星系怎麼可能同時都位在宇宙的中心呢？

　　想像一下，你正在烘焙藍莓煎餅。我們選擇這個口味有兩個理

由。第一，藍莓很美味；第二，在烘焙的過程中，藍莓不會膨脹，這一點跟星系很像。於是，在煎餅送入烤箱後，當麵團膨脹變大，煎餅中的藍莓就會離彼此愈來愈遠。要是它們有意識，藍莓這時候大概會說：「其他藍莓都正在離開我，而且，距離愈遠，離開我的速度就愈快。」

上述討論，牽涉到了一個跟第一章內容有關的微妙論點。既然宇宙中每個人都覺得其他人都正在遠離自已，那我們要如何確知有沒有人在移動呢？

我們的地球，我們的太陽系，我們的銀河系，並不是獨一無二的；這個主題，在人類科學史上已經出現過好幾次了。想當初，哥白尼（Nicolaus Copernicus）證明地球並非位在太陽系的中心（所謂哥白尼原理，就是為了紀念他在天文學上的洞見）。一九一八年，哈佛大學的赫羅‧薛普利（Harlow Shapley）則證明，我們原本的假設是錯的，我們的太陽系，距離銀河系中心遠得很。如今，連哈伯也證明了我們的星系並不位在宇宙的中心（同樣地，史納戈博士也發現他的星球並不位在宇宙的中心）！

但是，我們在前面說過，畢竟沒有人能夠宣稱自己位在宇宙的中心。同樣的道理，假設你是一隻居住在氣球上的螞蟻。當氣球膨脹時，你會看到其他螞蟻變得離你愈來愈遠、愈來愈遠。

當然，精明且挑剔的讀者可能會對這個例子提出異議，說：「等一等，當螞蟻的世界膨脹時，螞蟻應該會注意到才對！就像我媽媽開車時，我會注意到她在踩油門。」此話沒錯，但螞蟻這個例子不一樣，畢竟，螞蟻並不會意識到宇宙的擴張，因為該現象是發生在螞蟻無法直接感知到的、神祕的第三次元[5]。

話說回來，除了我們所習慣的三度空間，除了這些我們可以直

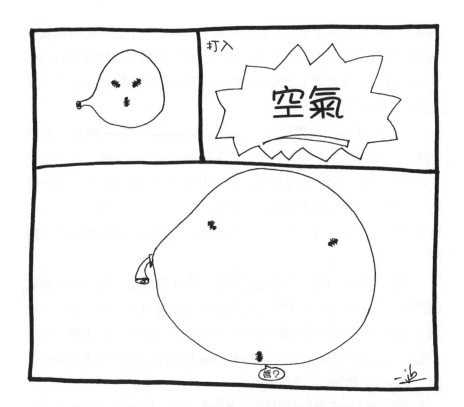

接感知到的次元外，或許我們其實正在第四空間裡移動也說不定，關於這一點，本章稍後還會再討論到。不過，這代表我們將再一次過度引申我們的比喻，畢竟，在現有的宇宙學標準模型裡，我們只需要三度空間即可（再加上一個時間的次元）。

✸宇宙的邊緣有什麼？

前面關於坦特克羅斯七號星的討論，帶出了一個很重要的點：就算我們擁有高功率的望遠鏡，能讓我們看到史納戈博士的家鄉，

但我們所看到的並不是它現在的樣貌，而是大約十億年前的樣貌。我們也可以將鏡頭指向更遙遠的星系，同時留意、我們看到的是更久遠的過去。天文學家之所以有辦法研究早期宇宙的星系特質，就是透過遙望遠處的星系。

不過，就算把目標拉遠，我們的視線範圍有限，超越了某個距離，我們就什麼都看不到了。這在地球上稱為地平線，在宇宙學上則稱為視界。由於光速是恆定的，視界以外的地方，我們怎麼樣都看不到。由於宇宙才誕生沒多久（約一百三十七億年），因此任何距離我們超過一百三十七億光年的事物，短時間內我們是看不到的。

那麼，宇宙的誕生究竟是怎麼發生的？關於這一點，我們必須倒推回去。既然宇宙中的所有星系都正在遠離彼此，由此可見，在過去的某個時間點，這些星系（或它們的組成分子）應該是挨擠在一起的。這在天文學上稱為大霹靂（Big Bang），是下一章要談的主題，而許多人卻對它有所誤解。

既然速度是距離除以時間，那我們大致可以推算出大霹靂發生的時間。假設坦特克羅斯星系的退行速度自宇宙創生以來從來沒改變過（這個假設是錯誤的，但已經夠精確了），那麼宇宙的年紀應該也可以相當正確地估算出來。想想看，只要有個星系距離我們愈遠，宇宙的年紀一定更大，因為每樣東西都是以相當穩定的速度往後退。我們的宇宙年紀大約是一百三十八億歲，如果你計算無誤，得出來的數字應該差不多。

於是我們不禁要問：若擁有功率夠高的望遠鏡，能不能看到宇宙的誕生？理論上可以，但其實看不到。目前觀測距離最遠的紀錄保持者，是一件天文學上稱為GRB 090423的恆星爆炸事件，由於發

生距離遙遠，因此從史威福觀測衛星（Swift satellite）看過去，我們看到的是年僅六億三千萬歲（宇宙現有年齡的百分之五），大小還不到目前體積九分之一的宇宙。

奇怪的是，GRB 090423正以光速八倍的速度遠離我們（放心，我們會等你翻回第一章，在那裡明明白白說過，超越光速是不可能的）。不過，只要各位記得，是宇宙正在擴張，而不是恆星在遠離我們，上述謎團就能水落石出。恆星本身，基本上是靜止不動的。

聽在各位耳裡，也許會覺得我們這樣說是在作弊，其實並沒有。廣義相對論並沒有說，事物不可能以比光還快的速度遠離彼此，廣義相對論說的是：要是我們將蝙蝠俠的訊號射向天空，而蝙蝠俠坐上飛機試圖加以超越，他無論怎麼努力都辦不到。廣義來說，廣義相對論說的是，任何資訊（例如粒子或訊號）都無法走得比光還快。這個事實永遠不會改變，即便在迅速擴張的宇宙當中也一樣。我們怎麼樣都無法利用宇宙的擴張來超越光速。

事實上我們可以看到比GRB 090423更早的時間，但需要無線電接收器才做得到。我們可以看到宇宙才38萬歲時，只是一團氫氣、氦氣和高能輻射的漩渦團。

超過那個時間距離之後，一切事物看起來都變得模模糊糊。早期的宇宙只是一團東西，就好像你想從外面看你鄰居家的窗簾（當然你從沒那樣做過，我們可沒想你會那樣做）。我們看不見另一端，我們只知道宇宙現在的模樣，以及宇宙初形成直到現在的模樣，所以我們可以猜想宇宙窗簾背後的模樣，令人躍躍欲試，不是嗎？

因此，既然我們無法回顧初始，但可以綜觀目前的全貌，最酷的是，我們等待愈久，宇宙就會變得愈老，邊界就會愈遠；換句話

說，遙遠宇宙所發出的光現在才到達我們身邊。

宇宙之外會有什麼？沒人知道。但我們可以作個有受過教育的猜測，記得哥白尼及其傳人已向我們顯示「無論身在何處，心即在何處」，因此我們也假設宇宙邊緣外就像邊緣內一樣，那裡也一樣會有銀河，就像我們現處的銀河一樣。我們說的不見得完全無誤，這樣的假設是因為我們沒有理由去相信其他說法。

✳空曠的太空是由什麼所組成的？

所以，宇宙正在擴張，但裡頭的星系並沒有移動。既然如此，我們就應該回頭來看愛因斯坦的廣義相對論。惠勒曾留下一段關於廣義相對論的名言，他說：「空間指示物質如何移動，物質則指示空間如何彎折。」你正應該這麼想。

我們承諾過會盡量避開數學，但惠勒的這段話實在是很精簡地描寫出廣義相對論的最主要方程式——愛因斯坦的場方程式。因此儘管我們不會寫出這道方程式，但還是必須做些介紹。

這道場方程式的左半部[6]，決定了兩個點在空間和時間上的距離，也就是所謂的度規（the metric）。透過度規隨空間所產生的變化，就能夠描述空間的曲折。粒子很懶惰，會盡量採取費時最短的路徑，因此度規非常重要。在平板的空間裡（也就是零重力的空間裡），各位應該可以猜到，費時最短的路徑就是一直線，但由於空間會因重力而產生彎折，使得情況變得更加複雜。

假設你要丟球給朋友，你希望盡快將這顆球送抵朋友手中，因此最快速的路徑就是一直線。可是前一章說過，在接近地表處，重力會讓時間變得稍慢，因此這顆球在投擲時要是能稍微遠離地表，

相對論將軍
「宇宙是國家高度機密。」

再以弧形的方式前進，或許能更早一點抵達朋友手中。

　　如果弧線的弧度太大，球則必需走得更快，關於這一點先前也已經看到，對一顆快速運動的球來說，時間的確會走得比較慢。透過追蹤時空的曲線，我們發現，球確實是以圓弧形路線行進。你看，即使我們談過這麼多時間相對性和空間曲折性，但是在微弱的重力場中（如地球），重力的運作方式跟牛頓當初的預測並無不同。

　　因此，要知道整體宇宙如何演化，就不能根據地球微弱的重力場來推測，但如此一來，我們就得討論度規的幾個特質。度規指的

愛因斯坦的場方程式

是兩個點之間的距離有多遠。假設你有一把會慢慢縮水的尺,用這把尺測量你和「鬧鬼之城」間的距離,你會發現,你們之間的距離居然變得愈來愈遠。

這就是發生在宇宙中的真實狀況!

由此可見,我們在小學所學的是錯誤的,空間並不是絕對的。我們已經知道,對於移動中的觀察者和超大質量體附近的觀察者而言,空間和時間都是相對的。隨著宇宙老化,空間本身也會因而產生改變。

愛因斯坦場方程式的右半部,惠勒已經告訴我們答案:「物質指示空間如何彎折。」的確,宇宙如何演化,根據的就是物質所下

達的指令。

　　也許你要問，要搞懂這些，可以不明白廣義相對論的所有方程式嗎？放心，別忘了，你對重力的物理直覺，往往比你預期的還要準確。

　　剛剛我們雖然談到了宇宙的擴張，但並非嚴肅的討論，畢竟空間究竟是什麼，我們始終隻字未提。但牛頓在他的著作《數學原理》（*Principia Mathematica*）中對空間做了很深入的思考，並設計了一個小小的想像實驗使之具體化。還記得嗎？在第一章中，羅斯汀、伽利略和愛因斯坦（非依照順序）都發現到，當觀察者以恆定的速度移動時，不能得知自己正在移動或處於靜止狀態。兩個觀察者的相對運動狀態，是唯一重要的事。

　　牛頓的想像實驗是什麼？牛頓想像，有個裝滿水的水桶，綁在一條旋轉數圈的繩子上，呈靜止狀態。當我們放開繩索，水桶便開始旋轉。一開始，水桶裡的水想要保持靜止，但水桶的邊緣卻不斷旋轉。最後，水桶和水之間的摩擦力開始發揮作用，於是水跟著水桶旋轉起來，過程中還差一點噴出來。

　　我們知道，各位現在心裡大概在想：「這有什麼大不了的？」

　　有的，當水桶在實驗接近尾聲時，水桶和水之間已經沒有相對運動關係存在，但我們卻仍知水桶和水正在旋轉。因此，真正的問題應該是：水桶如何「得知」自己正在旋轉？

　　為了具體說明，我們想到了傅科擺（Foucault's pendulum），幾乎每一間科博館都看得到。任何有重量的東西，能夠掛在繩子或桿子上前後擺動，就叫做擺錘，如傳統老爺鐘。但傅科擺跟一般鐘擺不一樣，依據設計，它可以往任何方向擺動。雖然擺錘看起來是前後擺動，但只要觀察得夠久，就會發現其實還有繞圈移動。或者

說，擺錘事實上是在作前後擺動，是因為地球自轉才會轉動，擺錘似乎會自行調整與空間的相對位置以保持一定的方向。

再舉一例，假設我們的老朋友羅斯汀坐進一艘以火箭為動力的太空船，外型像是遊樂園裡的旋轉咖啡杯，要飛進太空。

火箭升空，咖啡杯開始旋轉，不久火箭引擎停止，但整個咖啡杯仍旋轉個不停。如果你看過《二〇〇一太空漫遊》（*2001: A Space Odyssey*）或其他有旋轉太空站模擬人為重力的科幻電影，應該知道羅斯汀會面臨什麼下場；他會重重摔在太空船內的艙壁上[7]。

問題是，宇宙中要是只有羅斯汀和他的旋轉咖啡座存在，我們就面臨了一個很大的困境。我們憑什麼說它們在旋轉，又是相對於什麼在旋轉？請不要回答「空間」，畢竟，空間代表空無一物。

在牛頓之後大約兩百四十年，哲學家馬赫（Ernst Mach）在《力學》（*Science of Mechanics*）一書中也探討過這個問題，他說：

研究者若迫切想了解宇宙中質量間的直接關連……便有機會深刻認識所有物質的基本原理，並了解加速運動和慣性運動的發生方式。

上述的解說，我們並不認為是闡述宇宙運作方式的精確科學論述，要不是因為愛因斯坦對所謂「馬赫原理」（Mach's principle）如此念茲在茲（事實上這個概念正是愛因斯坦所提出的），世人恐怕早就已經忘記馬赫曾經對物質提出過這樣的論述。愛因斯坦自己提出的解釋則更為言簡意賅，他說：「慣性源於物體間的互動。」

聽起來還是太複雜？再換句話說：「**彼處**的質量會影響**此處**的慣性。」

什麼！這不是廢話嗎？遠處的物質，當然會對此處物體的運動造成影響，這就是所謂的重力。但馬赫當初那段話並不是這個意思，愛因斯坦的解讀也並非如此。馬赫的意思是，藉由比較地球上的物質和遙遠的恆星，我們就能得知自己是否正在運動或處於加速狀態。這與「藉由觀察山丘的運動就能得知自己的火車是否正在前進」並沒有太大不同。由於山丘很大，你很渺小，所以可以以更大的物體為參考點來測量你的運動情形。

愛因斯坦認為，他的廣義相對論，從馬赫原理中得到了很重要的啟發。愛因斯坦的基本概念是，平均而言，「遙遠外的恆星」可能是固定的，但若是沒有固定的恆星作為比較的參考點，根本無法說一樣東西是否正在加速或旋轉。

馬赫的原理正確嗎？

不必正確。在數學上，對於太空中的愛因斯坦空間方程式，有

一種解答就是太空中沒有物質。在這種情況下，顯然不會有遙遠的恆星作為參考點，但愛因斯坦的廣義相對論依然能預測，要是你突然跑進一個空無一物的宇宙裡，你可以「覺得」自己是否在旋轉。

但空無一物的宇宙顯然是例外而非規則。我們的宇宙有物質存在，愛因斯坦的廣義相對論也與宇宙中的物質相關。正是這種空間的「包裹」才能為我們所感知，包括此時此地。

就在愛因斯坦提出廣義相對論之後，同時維也納大學的約瑟夫·蘭斯（Josef Lense）和漢斯·提林（Hans Thirring）也提出了他們的觀察：令某個質量夠大的物體開始旋轉（例如黑洞）此時物體周圍的空間也會被拖著旋轉，意思是說，就算你想要靜止不動，別人還是會覺得你在旋轉。這個想法並非只是猜測，人類發射的若干人造衛星都已經測量到，地球的自轉和火星的自轉會造成空間的拉扯。

本節重點是說，在最大的尺度上，空間即使看來空無一物，感覺上卻好像是由物質所組成的。

✸ 太空究竟有多空？

前面幾頁談的都是太空本質之類的主題，似乎太偏向神祕學。現在，我們應該換換口味，談一點形而下的東西。若你同意，宇宙中的星系基本上都靜止不動，星系周圍的空間卻不斷擴張，那我們也願意承認，耽溺於「我們位於宇宙的中心」這個幻想，其實並不會造成太大傷害。同意的人，請抓起這本書大力搖一搖。

嗯，各位想必是答應了。

即便採取「我位在宇宙的中心」這樣的假設，我們還是可以做

一些精確的物理推理。首先，讓我們從宇宙擴張的基本問題談起。宇宙擴張時，速度會減緩還是加快？讓我們從宇宙的角度來看待這個問題，並嘗試下述實驗：

一、帶一顆棒球走到戶外。

二、將棒球丟向空中。

三、然後走開。

　　無論做多少次這個實驗，結果應該都一樣：上升的最後都會掉下來。

　　當然，人類之所以能製造出火箭並發射到火星上，原因在於，一顆球或一座火箭的運動速度夠快，就能脫離地心引力的限制。在地球上，要脫離重力的束縛，脫離速度（escape velocity）必須達到時速兩萬五千英哩左右。由於火箭能超越這個速度，所以才能發射到外太空。

　　相對的，月球的脫離速度則為每小時大於五千英哩。因此，要是你從月球上投出時速一萬英哩的快速球，這顆球就會飛進外太空。如果換成在地球上，用同樣速度投出，這顆球最後還是會掉回地面。相形之下，在火星的衛星之一——火衛二（Deimos）上的脫離速度，只有時速十三英哩左右。因此，如果在火衛二上投球，任何人大概都可以將球投入外太空。

　　火衛二和地球如此不同的原因在於質量。相較於火衛二，地球質量大得多，地心引力因此也強得多。質量愈小，重力就愈小，因此更難將棒球吸引回行星（類行星、衛星或其他星體）。火衛二的脫離速度遠低於地球的原因就在於此。這個道理不僅適用於地球或其他星體，也適用於大質量的物體，例如星系。

　　宇宙若真的空無一物（還好並非如此），就會不斷擴張，假使沒有任何物質存在宇宙中，擴張速度就永遠不會減小。要是我們有一個這樣空空如也的宇宙，只要放一點物質進去，它的擴張速度就會減緩。別忘了，物質會影響空間，因此要是放入許多物質，宇宙最後就會塌縮回來。

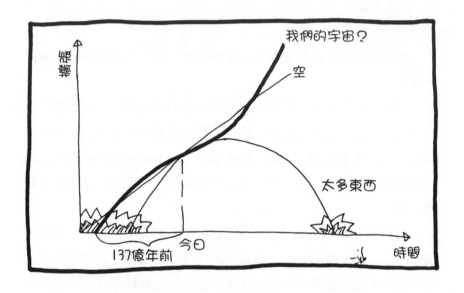

　　至於宇宙最終將會走上不斷擴張的命運，還是向內塌縮的命運，關鍵就在於宇宙的臨界密度（critical density）。宇宙的臨界密度有多高呢？恐怕遠低於大多人的想像。

　　人們傾向於高估外太空的密度，因此我們有必要在這裡作實際的調查。讓我們從鄰近區域開始說起。還記得電影《星際大戰》（Star Wars）中，韓蘇洛（Han Solo）駕駛千年鷹號（Millennium Falcon），驚險萬分地穿愈擁擠的小行星帶（asteroid belt）？或許你

知道，我們自己的太陽系就擁有一個小行星帶，位在火星軌道和木星軌道之間（順道一提，火星和木星分別是太陽系的第四顆和第五顆行星）。試問，要是你想要抵達木星，於是不管三七二十一駕著太空船橫衝直撞地往小行星帶飛過去，會發生什麼事呢？

沒事。

雖然天文學家並不是很確定小行星帶裡面究竟有幾顆小行星，但根據保守估計，數目約為一千萬顆，也就是說，平均而言，小行星與小行星間的距離應該超過一百萬英哩。如果你對這樣的距離沒有概念，沒關係，看完下面的比喻就會知道。一百萬英哩，約當於地球和月球之間距離的四倍。想想看，目前到過月球上的人類有多少？

要是我們駕駛太空船離開太陽系，前往距離最近的恆星，也就是位在四光年以外的半人馬座比鄰星（Proxima Centauri），會發現這塊區域非常荒涼。平均而言，每一立方公分的星際空間（約為一顆骰子大小）只含有一粒氫原子，比地球上的空氣密度還要稀薄10^{16}倍，比目前人類所能製造出的人造真空還要稀薄一百萬倍。

至於星系與星系間的太空，密度則還要再稀薄一百萬倍，即使宇宙處於臨界密度也沒有差別。換言之，每一立方公尺的星際空間（相當於你家冰箱大小），只含有五顆氫原子。

當然，太空密度很稀薄，所以你可能不會感到意外，要不然為什麼叫太「空」呢？

對於天文物理學家原子的微小變化沒有興趣，他們真正感興趣的是，宇宙的密度究竟有沒有超過臨界點，於是他們定義了一個比例，將宇宙中的物質總量（包含所有物質），和宇宙處於臨界密度時應有的物質總量相比，這個比例在天文學中稱為Ω_M。要是你想跟

媽媽說你從本書中學到什麼，但不想用任何符號或公式，不妨跟媽媽說，你學到了亞米茄物質（omega matter）。

但要是你問，要多少物質才會令宇宙塌縮呢？答案可能會令你大失所望。根據目前最佳的估計，Ω_M 值只要到達百分之二十八就足以令宇宙塌縮。隨著宇宙不斷擴張，宇宙中的物質將變得日益稀薄，日積月累後，外太空會愈來愈空曠。也就是說，宇宙的密度將日益遞減（宇宙的空間雖然愈變愈大，但裡頭的物質卻沒有隨之增加），而上述比例也就愈變愈小。

這個數字對許多怪咖天文學家而言相當重要，畢竟，二十多年來，為了推算出宇宙的年齡、命運、未來和過去，這個數字和其他幾個數字一直是主流宇宙學界的關注焦點，而且上面這個數字尤其重要，因為可以得知宇宙是否會再度塌縮，還是持續不斷地擴張。但要回答這個問題，就必須知道宇宙中到底存在多少物質，於是根本問題就變成如何為宇宙秤重。

在我們所觀察到的宇宙中，存在大約有一千億個星系，也是大部分質量所在。要是能夠為星系或星系團秤重，只要將太空中各區域裡的質量全部加總，就可以計算出宇宙的密度。

✳宇宙中所有的物質在哪裡？

要替整個宇宙秤重，實在比登天還難，但只要能找出辦法有效秤出個別星系的重量，我們就贏了，請看以下的想法：假設星系裡的恆星在各方面都跟我們的太陽差不多，那麼只要計算出星系裡恆星的總數，就能計算出星系的重量。每當我們凝視夜空，看到的光都來自星光或反射自太陽的光（如月亮或行星）。更何況，在我

們的太陽系裡，大約百分之九十九點九九的質量都存在於恆星（也就是太陽）中，因此假設星系裡幾乎所有質量都是以星星的形式存在，應該不是什麼瘋狂的想法。根據這個想法，科學家計算出來的宇宙密度為 Ω_{STARS}，約為百分之零點二。

這樣的結果就像電影《變形金剛》裡所描述的，星系裡還存在一些肉眼看不見的東西。在絕大多數的星系裡，一般「物質」多以氣體形式存在，數量龐大，只是會輻射出X光而非可見光，因此要是你有辦法將最愛的星系搬進牙醫師診所裡，請他幫你測量X光的輻射量，就能得知氣體的總量。不過，就算把此種形態的物質質量考慮進去，並與上述恆星的質量相加，得出來的 Ω_{M} 也只有大約百分之五，這數字告訴我們，宇宙實在空曠得很。

百分之五？這個數字不但令人意外，也造成困惑。怎麼說呢？因為這個數字代表的是一般物質所包含的質量，物理學家喜歡稱之為重子（baryon），如果你還記得[8]，重子其實就是質子和中子，所有元素都是重子所組成的；所有原子跟分子都是重子所組成的；你、我、太陽、地球、氣體、塵埃，以及你曾經見到過和接觸過的一切，都是重子所組成的。那麼，要如何推算出這個宇宙總共有多少重子呢？方法有好幾種，但不管採取哪一種，最後計算出來的 Ω_{B} ——即重子佔臨界密度的比例，都只有百分之五。

但是在一九七〇年，天文學家薇拉・魯賓（Vera Rubin）等人首度觀察到一個很奇特的現象。星系裡雖然有許多恆星在繞行，一切卻能夠保持得井然有序而不致於潰散，這全都是靠重力維持。一個星系要是沒有足夠的質量，裡頭的星星就會飛散出去，就好像你玩溜溜球時，有人把溜溜球的繩子割斷，於是溜溜球便無法繼續維持在原來的軌道上，而會咻地甩出去，不小心還會把旁觀者的牙齒

給打斷呢[9]！我們想指出，透過測量都卜勒移位，就能計算出恆星是以多快的速度繞著星系中心運行，接著就能計算出主星系（host galaxy）的總質量。可是你知道嗎？宇宙中有許多星系，質量比我們原本想像的還要大上六倍，換言之，Ω_M 應該在百分之二十八左右，但這個數字要能成立，我們必須假設，宇宙中的質量，大多是由某種我們看不見的、神祕的「暗物質」所組成（大約佔總質量的百分之八十五）。

或許我們的測量有誤，又或者運算不正確，但根據奧卡姆剃刀原理（Occam's razor），最簡單的解答通常就是最好的解答；與其說宇宙中有百分之八十五的質量是我們看不到的，倒不如說我們哪裡出了錯。顯然，我們需要別的方法來加以驗證。

近幾年有一些英俊、貌美、聰明的天文學家開始用一種名為重力透鏡（gravitational lensing）的新方法，來測量星系或星系團的質量，基本原理在於，質量大的物體（例如星系）會令空間產生彎折，而光束也會跟著空間的彎折而彎折。舉例來說，坦特克羅斯七號星的主星系要是位在地球和某個更遙遠的星系之間，那麼它背後的星系影像就會因為坦特克羅斯星系的質量而產生扭曲。而且質量愈大，扭曲的程度就愈嚴重。

此種效應在星系團中表現得更顯著，因為星系團的質量約為太陽的一千兆倍。透過星系團的透鏡效應，這些平時看來正常的背景星系，從地球上看過去，影像會扭曲成怪異的弧形，有時同一星系甚至會呈現出兩個影像，就好像放大鏡可以讓一根手指頭呈現出多種影像。

請大家觀賞一下由哈伯太空望遠鏡所拍攝到的阿貝爾二二一八星系團（Abell 2218）的影像。

上圖中你可以看到一些明亮、大致呈圓形的亮光，這些就是星系團裡的星系。除此之外，注意圖中還有一些長條形的誇張弧線。信不信由你，這些其實是正常的星系，從地球上看過去，由於這些星系位在星系團後方，影像才會因為重力場的影響而出現如此嚴重的扭曲。

重力透鏡現象，提供了另一個方法讓我們測量出星系的質量，進而測量出整個宇宙的質量，而這些測量結果都顯示：宇宙中的質量，比「一般」重子質量多出大約六倍。子彈星系團（bullet cluster）是一組彼此相撞的星系團，二〇〇四年，亞歷桑納大學的道格拉斯·克羅威（Douglas Clowe）等人在研究子彈星系團時卻得到了驚人的發現。

剛剛已經得知，星系團裡的一般質量，大多並不存在於恆星裡，而是存在於高熱的氣體裡。儘管恆星是星系裡最閃亮、也是我們肉眼能見的，但其質量只佔整個星系團的一小部分。因此，假設

我們肉眼難以看見的物質，也就是所謂暗物質，事實上是由普通的物質所組成的，那麼，我們對它的認識就應該要有所改變，暗物質和星系裡的氣體應該屬於同一類別。

但克羅威等人發現，星系團所擁有的質量，不僅比我們原本根據氣體所估計的數據還高，而且，暗物質似乎並不存在於氣體附近！換言之，雖然還不曉得暗物質究竟為何，我們卻知道要如何找到暗物質。暗物質到底是什麼呢？我們在第九章會再予以討論。

❋宇宙為何正在加速擴張？

直到一九九八年，宇宙學領域幾乎可以用尋找暗物質來界定。隨著星系質量的測量數據繼續出爐，宇宙學界人士多半相信，Ω_M 值最後計算出來一定是百分之百。由於有力的反證並不存在，因此相關理論多半支持上述數據[10]。但到了一九九〇年代中期，一連串觀測結果卻使得上述想法翻盤。

稍早我們提過，只要知道一個星系本身的亮度，再測量我們所看到的星系亮度，就能夠測出星系與我們的距離，這是測量星系間距離的主要方式之一。此外，大自然還提供了我們一個非常完美的「標準燭光」，就是名為 Ia 型超新星（Type Ia supernova）的超新星爆炸。

Ia 型超新星是由一顆白矮星和一顆紅巨星所組成，兩顆星彼此互相繞行。其中白矮星是高溫燃燒的星體，密度相當高，紅巨星則體積龐大，重力相對微弱，因此位在紅巨星大氣層外圍的氣體，會紛紛墜落到白矮星的表面上。

白矮星是極度壓縮的物體。未來，當我們的太陽變成白矮星

時，太陽的體積會變得跟現在的地球差不多[11]。由於密度極高，白矮星上的電子基本上是擠在一起的，與地上的石頭相比，白矮星的密度約高出一百萬倍，因此還要進一步壓縮非常困難。但由於紅巨星上的氣體會不斷剝落，掉落到白矮星地表，最後，當白矮星再也容納不下任何物質時，白矮星的質子和電子就會彼此結合，產生巨大的爆炸，將白矮星變成中子星──這就是所謂 Ia 型超新星爆炸。接下來幾個禮拜，變成白矮星的太陽會放出的能量，相等於太陽一生（十億年左右）所放射過的所有能量。

紅巨星剝離到白矮星上。

　　超新星爆炸時，你絕不會想要離它很近，就算爆炸的地點在十光年外，也可能令地球上的生命滅絕殆盡。幸好，超新星爆炸發生機率不高，平均而言，每個星系大約一世紀才發生一次，再者，我們的銀河系直徑為數萬光年，因此至少目前我們應該安全無虞。只可惜，超新星爆炸會在何時或何地發生，則完全無法預測。

　　儘管如此，天文學家卻愛死了這類天文物理浩劫（難道天文學家都厭惡人類嗎？）。超新星爆炸之所以能作為絕佳的「標準燭光」，原因在於：第一，超新星爆炸時，會發出極亮的亮光，距離極遠也看得到；二，超新星的爆炸（也就是紅巨星掉落到白矮星上的物質累積到一定量時）會在一定的時間內發生，情況也大同小異，因此要估算發生的地點並不困難。

　　天文學家梭爾‧裴穆特（Saul Perlmutter）和亞當‧雷斯（Adam Reiss）分別帶領了一個研究團隊，在一九九八年針對大約五十個超新星爆炸的距離進行測量，同時也蒐集了紅位移的資料，因此他們不但曉得這些爆炸發生距離，也知道宇宙擴張了多少倍。

　　在獨立研究的情況下，這兩個團隊得到了一個不可思議的相同發現，那就是宇宙的速度並沒有減緩（根據我們截至目前為止告訴各位的每件事，你可能也會如此猜測），反而正在加速。當初愛因斯坦最早提出廣義相對論時，也得到了類似的發現，他將之稱為「宇宙常數」（cosmological constant）。宇宙常數就好像我們在計算微積分時「加上常數項」（plus a constant），要是你沒計算過微積分，就只好請你相信我們的話囉。

　　愛因斯坦當初之所以提出宇宙常數，是為了「證明」宇宙是靜止不變的，因此，當哈伯發現宇宙其實正在擴張時，愛因斯坦尷尬死了。儘管如此，由於宇宙常數背後的數學運算十分合理，因此當

超新星爆炸的研究結果陸續出爐後，學者又開始對宇宙常數產生興趣，不過這次他們對宇宙常數有了不同的解釋，認為宇宙常數其實就是遍佈於宇宙中的「暗能量」（dark energy）。

愛因斯坦注意到，高壓氣體的引力，比沒有壓力的氣體還要高。這項差異很重要，因為暗能量的壓力是負的，它有點像是反重力，會導致宇宙加速。更奇怪的是，宇宙雖然逐漸擴張，密度並不會跟著減少，就好像你把一團軟糖拉長，它卻不會變薄。在這個例子裡，你的物理直覺卻會失敗。

如果你覺得這個現象太奇怪而否認它的可能性，很抱歉，它就是有可能。在第二章，我們也見識過類似的現象。還記得嗎？由於光子不斷生滅，因此「真空能量」充斥著整個宇宙。而無論我們把一箱真空能量拉長或壓縮，其密度都不會改變。

我們知道，我們看起來很像在胡扯，但事實上，我們可以提出證據顯示上述效應的確存在。一九四八年，萊登大學（University of Leiden）的漢克·卡西米爾（Henk Casimir）發現，如果在真空裡放入兩塊金屬片，距離接近，很驚人的，這兩塊金屬片將會互相吸引。照理說，金屬片上要是沒有電荷，此種情況應該不會發生。可是，若假設真空場遍佈於整個宇宙，上述現象就說得通了。由於金屬片上面的電場消失了，兩塊金屬片之間的真空場將會比外面的真空場還低，所以兩塊金屬片就吸引到了一塊兒。

這個「卡西米爾效應」（Casimir effect）直接又有力地證明真空能量確實存在，特性剛好與暗能量完全相符。

真是個好消息。

但還有個壞消息：宇宙中，到底存在多少暗能量？第一章說過，質能可以互換，因此這個問題可以替換成：暗能量的密度有多

高？根據宇宙學上的測量，答案是：Ω_{DE} 為百分之七十二。注意，下標的「DE」二字，是為了提醒你這裡講的是暗能量。

卡西米爾效應

這樣說來，這其實是好消息，因為若將下面三個數字相加：

- $\Omega_B = 5\%$（一般物質）
- $\Omega_{DM} = 23\%$（暗物質）
- $\Omega_{DE} = 72\%$（暗能量）

我們會發現，宇宙中能量的總密度，剛好等於百分之百，也就是臨界值 Ω_{TOT}，這個結果，帶著幾個相當有趣的意涵。

接下來還是壞消息。上面這個關於金屬片的實驗，如果我們理解正確，那麼它意味著，不管是實驗室裡的實驗，還是大多數的理論，都認為宇宙中的真空能量應該比我們在宇宙學上所測量到的數

據還要高出大約10^{100}倍。

如此一來，問題可就大了。

✻宇宙的形狀是什麼樣子？

在此，我們之所以大費周章地討論Ω_{TOT}，是因為宇宙的密度不僅僅暗示宇宙未來將如何演變，還為宇宙的形狀提供了線索。

這個意思是說，如前面說過，無論是地球還是坦特克羅斯七號星，在宇宙中的位置都大致固定。假設距離這兩個星系的十億光年處，存在了一個由天文學之王XP-4所領導的文明──克倫貢人（Klankon），這是一群擁有高度智慧的機器人。有一天，在很巧合的情況下，哈伯、XP-4和史納戈博士，恰恰好都把天文望遠鏡朝向另外兩個星系，拍攝下影像，並記錄了兩者之間的角度。

現在角度跟這個問題有什麼關係？各位，不知你有沒有意識到，你在凝視夜空時，眼中所看到的並非宇宙真正的三D立體影像。夜空裡看起來距離相近的兩顆星，彼此間的距離可能真的很近，也可能很遠，只是因為視覺上的巧合，所以看起來很近。在地球上，由於我們擁有神奇的雙目視覺（即雙眼所帶來的縱深視覺感受），所以能解決此類模擬兩可的視覺現象，但是我們無法分辨遙遠的星系，因此，兩顆星星或兩團星系之間的角度關係，才是我們用來判斷距離的唯一指標。

好，讓我們繼續進行這個錯綜複雜的實驗。一天，上述三個文明，都將自己測量到的角度傳給了另外兩個文明，因此現在（或十億光年後）他們都知道，這個在太空中所呈現的等邊三角形內角各為幾度。

在紙上畫出等邊三角形，我們知道，等邊三角形的每一個內角都一定是六十度。這就是扁平空間裡會發生的事。事實證明，當 Ω_{TOT} 等於百分之百時，空間將恰恰好是扁平的。扁平的宇宙之所以住起來舒服，原因之一就是你的物理直覺通常可以成立。

但扁平的宇宙並不是唯一的可能性。還記得惠勒說過，物質指示空間如何彎折。Ω_{TOT} 要是大於百分之百（若宇宙中存在更多「物質」），那麼宇宙學家會說，這樣的宇宙是「封閉的」。封閉的幾何不難想像，特性將與地球表面幾乎一致。我們會發現，將此處三角形的三個角相連，內角總和將超過一百八十度。

請原諒我們如此繁瑣地解釋幾何學，但還有一點我們必須指出，同樣距離地球遙遠的星系，若放在扁平的宇宙裡，跟放在封閉的宇宙裡（假設平行宇宙的確存在），位在封閉宇宙裡的星系看起來會比較大。

現在我們來抽考一下，如果 Ω_{TOT} 大於百分之百的宇宙是封閉的，那麼 Ω_{TOT} 小於百分之百的宇宙應該會是什麼樣子？要是你回答「開放的」，那麼恭喜你，我們明天就將博士文憑寄給你。你猜得沒錯，若置身在開放的宇宙裡，遠方的物體看起來會比在扁平的宇宙裡還要小。

所以我們是居住在哪個宇宙裡？假使目前測得的宇宙學數據可信，那麼我們應該是居住在扁平的宇宙，或非常接近扁平的宇宙裡。全然扁平和近乎扁平實際上並沒有太大差別，就像我們居住在地球表面上，沒有錯，地球是圓的，但是在日常生活裡，這個事實卻經常被人們遺忘。

在以上三種宇宙中，只有封閉的宇宙是有限的。然而這並不表示，在封閉的宇宙裡，我們能夠走到宇宙的盡頭，就像是你在一顆

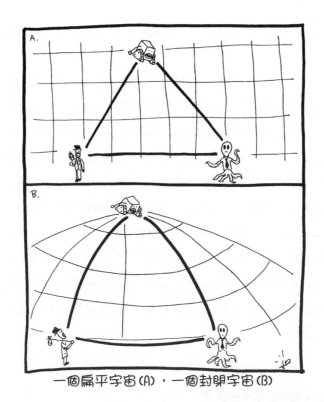

一個扁平宇宙(A)，一個封閉宇宙(B)

球狀體上走個不停，最後永遠不會碰到世界的邊緣，頂多只會走回原點。

　　相對的，若談起扁平宇宙或開放宇宙，我們通常會認為這種宇宙是無限的，至於「無限」究竟是什麼意思，老實說很難講，但是至少我們可以說，這樣的宇宙是沒有邊緣的，或者可以說是無限的，也就是說，在無限的宇宙裡前進，你絕對不會再回到原點。

　　但也不見得。

　　廣義相對論所描述的，事實上就是宇宙的幾何結構。一張紙若捲成筒狀仍舊是一張紙，也就是說，從幾何學的角度看，紙仍然是

「扁平的」。前面所說關於三角形的一切，都是在捲起來的紙上所呈現的。

我們的宇宙或許就像一張捲成筒狀的紙，但實際上是反折回去的。這個概念說明了何謂宇宙的拓撲結構（topology）。儘管如此，目前尚沒有任何物理學說可以告訴我們宇宙要如何反折。

理論上，當史納戈博士遙望夜空，克倫貢人的母星球應該會顯現出兩個在夜空中遙遙相望的影像。一九九八年，蒙大拿大學的尼爾・柯尼盧（Neil Cornish）等人做了一項研究，以得知在微波背景（microwave background）中，也就是大霹靂（Big Bang）的殘骸裡，是否測得到任何訊號可以反映類似的效應存在。結果沒有。但是這並不代表我們的宇宙沒有反折回去，而是意味著，就算宇宙是反折的，反折也一定發生在極大的規模上，而且這個規模大到遠遠超出我們的視野。

※宇宙會擴張成什麼？

上述這些關於宇宙動力結構或幾何結構的討論，似乎都沒有說到重點，但是現在，我們就要來回答這個問題：宇宙未來會擴張成什麼模樣？其實，不管是廣義相對論還是我們的觀察，都無法真正回答這個問題。別忘了，物理學只能告訴我們，在什麼情況下會發生什麼事，卻無法告訴我們宇宙在基本層次上究竟是什麼模樣。宇宙學也一樣有它的問題，我們只有一個宇宙可以觀察，要是你不喜歡你所得到的答案，那麼也許你沒有問對問題。

因此，很抱歉讓各位失望了，我們恐怕無法給出一個標準答案，但至少可以為點出幾個思考方向。

宇宙會擴張成什麼呢？答案你可以自己選。

1.什麼都不是

在我們看來，這應該是最好的答案。仔細想想廣義相對論的內涵，你會發現，度規，即任何兩點之間的距離，是我們用來定義空間運作的唯一依據。因此，宇宙「外」的世界並不存在。本章從頭到尾一直在灌輸的就是這個觀念。就算你不斷飛啊飛，也永遠不會碰到宇宙的邊緣。再者，即便我們的宇宙是有限的，也可能是反折回去的。

2.擴張成什麼都沒關係

我們知道，這樣的回答說了等於沒說，但我們是想表達，只有發生在我們視界之內的物理現象，才能觀察到。在可觀察的宇宙之外，或許什麼都沒有，存在的只有「空」，半點物質都沒有。又或許，宇宙之外，一切都是紫色的，又或許存在了其他迥異於我們宇宙的「島宇宙」。真正的答案是什麼，老實說我們不知道。畢竟，存在於我們視界之外的東西，我們永遠無從得知。還記得哥白尼的「不特殊」假設嗎？他告訴我們，這個宇宙並不會因為你所在位置的不同而有所改變，因此很可能我們並沒有錯失任何特別的東西。

另一方面，隨著宇宙不斷擴張，我們的視界將愈變愈大，能看到的東西也愈來愈多，因此也會愈清楚我們在宇宙中的地位在有限的情況下是否特殊。

有愈來愈多的研究顯示，宇宙裡的確存在著暗能量，隨著時間的推移，一般物質和暗物質將變得日益稀薄，但暗能量卻不會改變。而且，暗能量還會不斷加速，以致於空間裡任何一個點都將以

愈來愈快的速度逃離。我們的終究會到達一個最大極限的視界，超過這個極限，就算有任何東西存在，我們也永遠無法得知。

3.擴張成更高的次元？

前面說過，這個宇宙，除了我們所習慣的上下、左右、前後，可能還存在著其他空間。至於時間當然是另外一個次元，甚至從某個角度講，這個宇宙正在往時間次元擴張。不過，以物理學來說，這樣的解釋簡直是胡說八道。這個宇宙，跟所有的一切一樣，都正在往未來的方向移動。

宇宙擁有不只三度空間的學說，這幾十年來非常熱門，學者們提出了許多相關的模型，其中最常見的就是弦理論；而在林林總總的弦理論當中，又以 M 理論最具優勢，根據該理論的假設，這個宇宙總共擁有十個次元，我們在第四章都介紹過。如果你還記得，根據弦理論，粒子與粒子的種種差異，其實只不過存在於各位的想像中，在本質上，所有的粒子都是弦，一條弦可以切成兩條，兩條弦也可以結合成一條[12]。

值得一提的是，根據 M 理論，宇宙中可能存在了某些更複雜的結構。一般弦理論中的弦，指的是單次元的結構，也就是弦本身，但是按照 M 理論的預測，宇宙中可能還存在了更複雜、包括雙次元或三次元的膜（membrane），而且個別的粒子（例如光子）可能會「黏」在特定的膜上。

這個理論與我們在此的討論有何相關？關係在於，我們的整個宇宙，或許不過是一面巨大的、三次元的膜而已，而我們則是在更高次元的空間中移動。而且，在我們的宇宙附近，或許還存在了其他宇宙，但由於我們的光子被困在我們自己宇宙的膜裡，別的宇宙

的光子也困在他們自己的膜裡,所以我們才一直看不見彼此。但,根據M理論的預測,我們應該可以感覺到他們的存在,或起碼感覺到他們對我們所產生的重力效應。膜與膜偶爾可能會相撞,導致宇宙的毀滅與重生。

殭屍之弦理論家

從這個角度看,我們的宇宙,我們的這張膜,或許可能正在往更高次元的宇宙發展。

這樣說來,講了半天,這個宇宙似乎不會擴張成任何東西。當然,真正的結果也可能是,我們正在往宇宙外的某些更高次元擴張

（至少是移動），只是我們沒辦法直接體驗到這些次元。如此對宇宙的描述，是否讓你大開眼界？

註解

1 只不過，一般科普書裡通常看不到漫畫。

2 沒印象的話，請把握這個機會看看這部電影，它可以說是公認有史以來最好的美國片。

3 各位稍後會看到，「似乎」二字，是相當重要的法律術語。

4 由於宇宙學家的預測通常不怎麼準確，所以常常遭到其他物理學家嘲笑（至今依然如此）。

5 畢竟螞蟻不會開車。

6 為了不寫出整道方程式，我們只好寫下諸如「場方程式的左半部」等，請勿見怪。

7 又或者會對著太空船艙壁狂吐，如果這趟任務太久的話。

8 相信各位應該記得。

9 不管是進行危險的溜溜球實驗，還是處理星系裡的輻射，本章肯定都要叫你大失血。

10 即宇宙暴脹論，這在下一章會有深入的探討。根據目前的估計，Ω_M 值大約在百分之二十八左右（而非最初那幾套宇宙暴脹論所預測的百分之百），既然如此，照理說宇宙暴脹論應該要從此消聲匿跡，但這些理論學家很清楚，只要在方程式上動點手腳，就能夠自圓其說。我們說這些是為了提醒大家，當一個理論物理學家聲稱對自己的理念很有把握，你反而更要當心。

11 當然，在太陽變成白矮星以前，地球上的我們早就已經烤焦了，哪還會在乎太陽變成白矮星。

12 要了解這個道理，你可以親自動手做。拿一條線，切成兩條，再把它們綁起來，一條新的弦就形成了。

大霹靂

「大霹靂前發生了什麼事？」

　　本書兩位作者在寫書時還未為人父母，但是都聽人說過，面對小小孩時最尷尬的對話之一就是小比利問起：「我是怎麼來的？」還好，我們已經想好因應對策，就是，從最初的最初開始談起[1]，然後我們還會說到海盜，大家都知道孩子們最愛聽海盜故事了。

　　天啊，我們還真以為自己未來一定會生下神童，想要孩子年紀小小就可以理解宇宙的擴張、大一統理論、物質的起源等複雜的主題。好像他們會說，不要跟我講童言童語，只要告訴我宇宙是如何創生的，還有那些發生在波濤洶湧的海洋上的驚險故事。

　　我們可以從頭開始解釋宇宙的誕生，但倒過來講應該比較容易。所以，這個故事我們會從結尾開始談起，一步步交代中間的過程[2]。

　　我們英勇的海盜船船長血鬍子（Bloodbeard），雖然被西班牙無敵艦隊（Spanish Armada）所擊敗，但他沒有投降或逃跑，而是英勇地跟著自己的船沈落海底。只可惜，他手下的幾名水手就沒那麼勇敢，他們紛紛跳上救生艇，往四面八方落荒而逃；有些救生艇划得比較快，有些則划得比較慢。

　　對於後來出現在事發現場的人而言，可能只會看到許多救生艇落荒而逃（血鬍子則早就被關進神鬼奇航深海閻王大衛・瓊斯〔Davy Jones〕的箱子裡沉入大海），但要是他夠聰明，應該會發現所有的救生艇都來自同一個地方，只要觀察這些懦弱海盜的划船速度，旁觀者還可以推算出這場海上大戰發生的時間。

　　大家應該知道，這故事只是個比喻，其中救生艇代表的是星系，一如我們在前一章所看到的，幾乎所有星系都正在遠離彼此。因此，我們應該可以如此推論，在很久很久以前，所有的星系基本上都是堆疊在一起的，就好像海盜船上的救生艇。

　　然而，就跟所有的軼聞奇譚一樣，上面關於海盜的故事雖然說出了某個真理，卻犯了一個很嚴重的錯誤。那就是，我們很容易以為，所有的星系都是從空間裡的同一個點開始互相駛離，但其實我們並不能這麼說。我們只能說：大霹靂是同時發生在宇宙各地的。這一點很重要，因為包括小比利，幾乎人人都自動假設，想當初大霹靂一定是在某特定地點發生的。第六章在討論宇宙的擴張時，我們也看到了同樣的現象，空間雖然愈變愈大，但並沒有任何一個星系真的在移動導致與其他星系距離愈來愈遠。

　　此外，故事中還有一個細節是我們沒有交代清楚的，那就是星

系的建構並非早在宇宙誕生之初就已大功告成，當時存在的只有氣體跟暗物質。拿上面的故事來比喻，就好像懦弱水手們在棄船逃走之際，手邊只有IKEA的工具箱，他們必須一邊載浮載沉，一邊做出救生艇。重力是宇宙當初建構星系的最主要工具[3]。第四章曾經說過（小學也曾經教過），所有的物質都會互相吸引。大霹靂發生後沒多久，太空中的某些區域就聚積了較多物質，當一坨密度高於平均值的物質形成，就會發生有趣的事情。附近的氣體和暗物質，會遭到這團物質所吸引，於是，這一小坨物質就會愈變愈大，最後形成我們今天所見到的星系。

　　無論如何，我們想說的重點還是一樣，那些原子以及組成所有我們今天看得到和看不到的一切的暗物質和暗能量，曾經都是堆疊在一起的，而我們現在試圖要解釋從當時到現在，過程中究竟發生了什麼事？最初的宇宙非常微小，所以你可以這樣解釋，小比利就是從大霹靂[4]而來的。

　　但小比利很早熟，他會說我們這樣講根本就在避重就輕。如果大霹靂是宇宙起源，那麼大霹靂又是什麼所造成的？還好，我們可以提出一個更基本的問題來轉移話題：我們如何確定大霹靂真的曾經發生過？畢竟，當初沒有任何人活著，所以沒有目擊證人，何況天文學的知識還告訴我們，當我們望著遙遠的星系，我們其實是正在遙望過去，但我們看不到大霹靂，所有關於大霹靂的證據都不過只是推論。正因為如此，關於大霹靂，我們只能從所知的事開始談起。

　　根據宇宙擴張論，目前最正確的預估，宇宙的年紀是一百三十八億年。一如我們在上一章的論證，目前太空基本上十分空曠，空間很大，裡面有許多物質，但是很分散。除了大家已經相當

熟悉的暗物質、暗能量、星星、塵埃和氣體等，儘管外太空看起來好像很暗，但宇宙裡還塞滿一樣東西，也就是光。你可能誤以為這些光全都源自於像太陽等明亮燦爛的物體，但這樣想就錯了。包括太陽光在內，宇宙中的星光，其實只佔所有光子總數的一小部分。宇宙中光子和原子的相對比例是十億比一，這些光子（或其中的絕大部分）在宇宙誕生之初就已經存在。

儘管大量光子在宇宙裡飛來飛去，但多半時候，我們並不會意識到它們的存在，因為存在於宇宙中大量的背景輻射，多半處於能量極低的狀態。任何物體，只要會發熱就會發光[5]，但這些光不見得能夠被肉眼所看到。太陽的溫度比絕對零度[6]高約攝氏五千八百度，屬於可見光，能夠被肉眼所看到。室溫下，人體在紅外線範圍內也會發光。至於溫度比絕對零度高出約攝氏三度的這個宇宙，則是會發出介於微波和無線電波波長範圍內的光，因此，有很長一段時間，我們一直都忽略了宇宙會發光。

一九六四年人造衛星通訊還在初期發展階段，當時在貝爾實驗室（Bell Labs）從事相關研究工作的阿諾・彭齊亞斯（Arno Penzias）和羅伯・威爾森（Robert Wilson）有一天莫名其妙地接收到了一個難以解釋的干擾訊號，發現這個訊號並不屬於**我們這個世界**。無論他們如何調整無線電接收器的方向，一種奇怪的嘶嘶聲就是揮之不去。其實，他們聽到的是早期宇宙的微波輻射。

在大約十年前，一般人就算沒有任何特殊儀器，也有辦法偵測到這些微波輻射，因為當時電視機多半是透過無線電波接收訊號，要是轉到沒有訊號的頻道，所聽到的雜訊（static）其中有大約百分之一來自於宇宙原始的輻射。但是現在所有東西都已數位化，因此想透過電視機複製彭齊亞斯和威爾森當時的研究結果，已經是不可

能的事，不過就算複製成功也沒什麼好處，因為諾貝爾獎已經被他們給贏走了。

宇宙的背景輻射，無論何處的溫度幾乎都一樣，但並非完全一樣。也就是說，天空中的這團輻射可能熱一點，那邊的那團輻射可能冷一點，但是差異十分微小，只有百萬分之幾度。

二○○一年美國太空總署為了測量宇宙中這些較「熱」或較「涼」的漣漪，發射了一顆人造衛星「威爾金森微波各向異性探測器」（Wilkinson Microwave Anisotropy Probe; WMAP）。本頁的圖就是由那顆人造衛星所拍攝到的地圖。這張圖就像一張地球地圖的投影，差別在於，檢視這張地圖時，你要想像自己站在地球正中央看著天空，這張圖就是天空的投影。

此處你所見正是宇宙新生的照片。大家都知道，小孩子很沒耐心，所以帶他們去給畫師繪製肖像是很麻煩的一件事。右頁的照片花費五年的時間以及一億四千萬元的經費才製作完成，但我們可以向你保證，它和小孩不一樣，宇宙並不會趁你不注意就悄悄長大。所以這張照片的意義究竟何在？

如果你仔細看，就會注意到照片上有些地方比較白（亮），有些地方比較暗（黑）。比較亮的代表該處溫度比平均值高，比較暗的則代表溫度較低。儘管這裡所說的高低相差不過十萬分之一，但是卻非常重要。在宇宙誕生之初，溫度上的細微差異，代表原子和暗物質在密度上的細微差異。一團物質的溫度就算只高一點點，也可能成為日後星系的發源地。

請各位來看背景輻射，還有一個很重要的目的。我們在回溯古早宇宙時，回溯的時間愈早，看到的宇宙就愈小。也就是說，回溯的時間愈早，包括光子、原子、暗物質在內等所有一切，會變得愈

來愈擁擠，因此宇宙的能量平均來說就愈來愈強。回溯古早宇宙，光子的貢獻顯得尤其重要，因為當宇宙愈變愈小，個別光子的波長也就愈變愈短。第六章在探討宇宙擴張會令光產生紅位移時，就談過這個現象。光的波長愈短，每一粒光子所蘊含的能量就愈強。由此可見，宇宙誕生之初，不僅輻射的密度更高，每粒光子所蘊含的能量也更強。

這些所有效應的結果是，我們回溯的時間愈古早，宇宙的溫度就愈高，光子貢獻給總能量密度的比例也愈高。當宇宙的大小是目前體積的十分之一時，宇宙的溫度比絕對零度高出大約三十度；當宇宙的大小是目前體積的百分之一時（也就是大霹靂發生後大約一千七百萬年），宇宙整體溫度則相當於現在的室溫。更早就更有意思了。

✺ 我們的觀測為什麼無法回溯到大霹靂時期？

組合（時間為三十八萬年）

在第四章中，我們探討原子的組成結構。最簡單的原子，也就是氫原子，是由一粒質子和圍繞在周圍的一片電子雲所組成的，氫原子也是截至目前為止最常見的原子。直到今天，與早期宇宙一樣，氫原子佔所有原子的百分之九十三。在室溫下找到的氫原子裡面一定有電子，然而在極高溫度下，例如太陽內部或早期的宇宙，原子卻會不斷遭到能量極高的光子撞擊而失去電子。

現在，請各位把血鬍子船長想像成是質子。一位自尊自重的海盜船長，肩膀上一定要有鸚鵡，否則就是衣衫不整。大家可以把鸚鵡想像成是電子。宇宙在誕生之初，就像是發生在波濤洶湧海洋上的喋血戰。加農炮（也就是光子）不斷在血鬍子船長周遭飛來飛去，不時將他肩膀上的鸚鵡轟走。不過別擔心，他們倆都不會有事的，畢竟海盜跟鸚鵡是天生一對，因此，過不了多久，就會出現另一隻鸚鵡站在血鬍子船長的肩膀上。

鸚鵡與加農炮齊飛，基本上足以描述這場海上戰爭。船艦本身反而沒事，因為加農炮往往打中的是在空中飛翔的小鳥，而不是船艦。不過，世間的一切最後總是要落幕的，海盜戰爭也一樣。於是，有那麼一天，加農炮不再發射，鳥兒也飛累了，紛紛落在海盜的肩膀上休息，一隻鳥配一個海盜，就是大自然的規律。

當初發生在這個宇宙的真實狀況就是，在大霹靂發生後大約三十八萬年，宇宙的溫度高達攝氏三千度，大小約為目前體積的一千兩百分之一。特別挑這個時間來說明，是因為，在這一刻，

宇宙中的一切都大大發生改變——這個時刻，我們稱為「重組」
（recombination）[7]。

在這個時刻以前，由於宇宙的溫度極高，基本上沒有任何中性
的氫原子存在，只有個別的質子和電子在宇宙中飛來飛去，一如故
事中的加農炮和鸚鵡。所有的原料都在，只不過都瘋狂亂竄。光子
不斷彼此相撞、吸收或重新被發射出去。在如此混亂的情況下，光
無法走得很遠，因為沒多久就會被其他光子撞往其他方向。因此，
大霹靂發生後三十八萬年，就算你當時活著，恐怕也無法看得很
遠，因為想要看見光必須要一直線進到你眼中[8]。

重組發生後，宇宙的溫度開始降低，最後，光子再也無法將電
子從質子身邊扯離，於是開始快速形成一般中性氫原子。很快地，

中性的物質開始充塞於宇宙的角落，於是，光子便失去了玩伴。光子很喜歡帶電荷的粒子，但不怎麼喜歡中性的粒子，於是，光子只好在一個空曠的宇宙裡飛翔，直到一百三十七億年後，少數光子（很幸運的）才被地球上或坦特克羅斯七號星上某個無線電波接收器給攔截到為止。

既然「看不到」結合發生前的宇宙，我們只能根據當時殘存下來、如今仍然在四處遊盪的輻射，以及我們今天從周遭的星星、星系、星系團中所觀測到的現象，去推測剛誕生沒多久極早期宇宙的模樣。根據這些觀測跟一點點物理推論，我們應該能相當正確地拼湊出極早期宇宙的圖像。

✳宇宙裡不是應該有一半的反物質嗎？

俗話說，一知半解是很危險的，但是在這個小節，一知半解卻剛剛好。接下來，為了描述早期的宇宙，我們要提醒各位兩件重要的事實，並把它們運用得淋漓盡致。這兩件重要的事實是什麼呢？看下去你就知道。

一、$E=mc^2$

二、讓一顆粒子和它的反粒子互相撞擊，最後這兩顆粒子都會消滅，並轉變成高能的光子。高能是多高？請見一。

電子和正電子（或任何粒子及其反粒子）互相撞擊，可以製造出光，反之亦然；光子彼此相撞，也可以製造出正電子和電子或質子和反質子，只是有個但書。

要成功製造出粒子，光子的能量必須要夠強；製造電子則要耗

費極大的能量。而由於質子和中子的質量比電子更高，要耗費的能量也比製造電子更高。

且慢！前面說過「宇宙湯」（cosmic soup）裡充滿了許多足以製造出重粒子的高能光子，這樣的光子的確到處都存在。在古早古早的宇宙，體積大、質量重的粒子和反粒子——例如夸克和反夸克，緲子和反緲子，電子和正電子——不斷無中生有地生成。但隨著時間的推移，光子的能量愈來愈低，能製造出的大質量粒子和反粒子也就愈來愈少，最後再也製造不出任何東西。今天的光子，基本上就是如此。

當初，宇宙的年齡只有百萬分之一秒之際，溫度已經稍稍冷卻，降到攝氏十兆度左右。這是個極高的溫度，比恆星中心的溫度還要高很多。但即使溫度這麼高，能量這麼強，但這時候的光子已經變得微弱許多，無法再製造出質子、反質子或中子、反中子，但由於能量還算夠強，這時候如果光子彼此相撞，還是能製造出許多其他的東西，例如電子和正電子，這個現象約持續直到大霹靂發生後大約五秒為止。

　　仔細想想，宇宙真是個天才兒童！以物質的創造來說，在誕生後五秒就已經大功告成。當我們大多數人還在尿床、哇哇大哭時，宇宙居然就已經製造出我們需要的所有物質了。

　　另有一個很微妙的重點，光子在相撞時，會製造出粒子和反粒子；相反地，粒子和反粒子相撞時，則會將彼此完全消滅並產生光子。就我們所知，在這個宇宙中，任何粒子的創造或毀滅，一定都有反粒子參與。也就是說，我們不可能只製造出質子卻沒有製造出反質子，也不可能只製造出電子卻沒有製造出正電子。順著這個邏輯思考，宇宙中的物質和反物質，數量應該**一直**都保持一定才對！

　　要是你看不出這是個大問題，那麼請你解釋給我聽，這個世界為什麼只有物質而沒有反物質？而且，不只地球如此，地球以外的地方也一樣。倘若月球不是由一般物質所組成，當時阿姆斯壯（Neil Armstrong）駕著老鷹號（Eagle）登陸月球時，應該馬上被燒成焦炭。還有太陽以及我們這個星系裡的其他恆星，也都是由一般物質所組成的。不然射向地球的宇宙射線中應該有許多反質子，但事實上並沒有。

　　宇宙裡有反物質所組成的星系嗎？也許有，問題是，若有物質星系和反物質星系相撞，應該會製造出巨大無比、難以處理的能量，但根據我們的天文觀測，星系與星系相撞雖然隨時都在發生，但規模龐大如前面所述的星系相撞事件卻從未出現過。換言之，我們的宇宙完全是由物質所組成的。問題是，物質與反物質的創造與毀滅，如果一直是等量發生的，為什麼最後卻都剩下物質？

　　其實我們不曉得物質與反物質的不平衡現象是怎麼來的，但無論原因為何，起碼我們可以確定應該是發生在大霹靂之後沒多久，宇宙能量還極高的時候。不過，即便無法解釋這樣的不平衡現象**為**

何存在，我們倒是能描述這個極度不平衡的程度。在很早很早的時候，宇宙中的質子和反質子，比例大約是十億加一比十億，光子的數量則與反質子相當。後來宇宙冷卻下來，無法再製造出質子，這些質子和反質子就開始互相抵消、毀滅，於是，每十億顆光子就有大約一粒質子存在，這就是我們今天觀察到光子與質子的相對比例。

　　那麼，從當時到現在又發生了什麼事？今天，中子可以轉變成質子，但為何當初還要連帶製造出反質子和反中子？為何不直接製造質子和中子就好？

※原子是怎麼來的？

元素的誕生（時間為一秒到三分鐘）

截至目前為止，我們的討論跟小比利最初提出的問題「我是怎麼來的？」似乎離題太遠，不過沒關係，現在我們已經準備好要給各位一個更好的答案。首先，我們會告訴小比利他究竟是什麼東西所組成的。大家都知道，小男孩是「大皮蛋、爛泥巴和小狗尾巴」所組成的，至於皮蛋、爛泥巴和小狗尾巴，則又是由氫、氧、碳等元素所組成的。

總的來說，一般常見的物質又稱為重子物質（baryonic matter）。名字聽起來很炫，其實任何由質子和中子所組成的物質都叫做重子物質。重子物質有哪些呢？如果依比例高低，排行榜上的前幾名大家應該耳熟能詳：

一、氫（75%）：一顆質子

二、氦（23%）：兩顆質子、兩顆中子

三、氧（1%）：八顆質子、八顆中子

四、碳（0.5%）：六顆質子、六顆中子

五、氖（0.13%）：十顆質子、十顆中子

這份清單無需背誦，相信大家看得出來，這裡有一個很明顯的共同特徵，除了氫以外，其他所有常見元素都擁有數量相同的質子跟中子。事實上氫也存在一種擁有一粒質子和一粒中子的同位素，叫做氘[10]（deuterium），只是氘元素十分稀有，數量只有約一般氫原子的十萬之一；這一點對於在下面要講的事相當重要。

　　高竿的物理學家應該不只能夠描述宇宙的現況，而還要能解釋這些數字怎麼來，但是要做到這一點，我們就必須把時鐘調回到大霹靂發生後一秒鐘。不可否認，這一跳跳得太遠，但隨著回溯，時間單位就會逐漸縮小。關於這一點，各位可以這樣想像，在宇宙誕生後一秒到十秒間，物理世界裡的各種現象或變化，就好像宇宙從十億歲到一百億歲之間所發生的事一樣多。

　　宇宙在誕生後一秒，溫度異常高熱，大約為攝氏一百五十億度，比太陽中心還要高一千倍。儘管如此，對光子而言，這樣的溫度還太冷，所以無法從無到有產生質子或中子。不過，質子和中子的差別並不大，就像血鬍子船長或和他殊死作戰的大膽海軍將官；將質子變成中子，並不比讓反微中子跟中子相撞來得困難，而且我們還會得到一顆免費的正電子。如果你喜歡，也可以把這個過程倒過來做。把一顆微中子跟一粒中子放在一起，使之結合，就會得到一粒質子跟一粒電子。

　　這樣說聽起來好像很困難，但其實相當簡單，因為在一般的情況下，如果我們將一顆微中子拋向一粒質子、一粒中子、血鬍子船長甚至是一光年以外的鉛，很可能什麼事都不會發生。微中子除非必要，否則不喜歡跟其他粒子產生交互作用，而且就算發生交互作用，也一定是透過弱作用力。弱作用力，顧名思義，力量相當微弱。

　　不過，在這之前（指大霹靂發生後一秒鐘），宇宙中的一切都擁有極高的密度，微中子則擁有極強的能量，因此微中子和反微中子會不斷與質子和中子撞擊，使質子變成中子，或中子變成質子，因此兩者數量比例會大致平衡。注意，我們講的是「大致」，由於質子比中子輕，而大自然傾向於處在最低能階狀態，因此，質子的

數量會比中子稍微多一點。

不過，大霹靂發生後一秒，粒子與粒子間的距離一下子變得太遠，微中子的能量也變得太低，因此無法對質子或中子做出任何反應，只好出外流浪，從此毫無音訊。但希望大家千萬別誤會，微中子並不會從此消失不見；就像「組合」時期的光子，這些微中子如今還存在我們周遭，只是我們經常忽略它，這其實是很遺憾的一件事，因為在宇宙誕生之初微中子扮演著重要的角色，負責讓質子和中子的數量比例得以保持平衡。微中子退休後，質子、中子和光子就開始跳起一支由核融合（fusion）和核分裂（fission）所組成的錯綜複雜舞蹈，並產生下面的現象：

一、中子、光子和氘互相撞擊，並製造出愈來愈重的元素。

二、同時，高能的光子將原子核扯裂。

三、一段時間後，所有的「光棍」中子[1]都開始瓦解、衰變成質子。

與此同時，宇宙變得愈來愈空曠，也愈來愈冷，上述的一切於是就變成了一場與時間賽跑的遊戲。當這場舞蹈展開之初，宇宙的中子和質子數量幾乎完全相等，因此要是原子形成過於快速，所有中子將會與所有質子相結合，如此一來，氦就會成為宇宙中最常見的元素。在所有具備質子的元素中，氦的結構最簡單，並擁有數量相等的質子和中子，非常穩定。大家都知道，「平衡」是一件很重要的事情。

幸好，質子和中子的數量當初並沒有保持平衡，不然今天的宇宙應該會很乏味。怎麼說呢？你試試用氦製造其他物質，你就知道了，祝你好運。

事實上，大霹靂發生後，宇宙裡出現的東西不只有氦，最主要

是因為，這整個過程雖然只花了幾分鐘，但在這幾分鐘內，有許多中子決定要當質子，於是便紛紛衰變成質子。如此一來，宇宙中便沒有足夠的中子跟質子配對，剩下的質子只好保持單身，所以今天的宇宙裡也才存在了這麼多氫。

前面我們曾經頗有把握，認為宇宙中光子和重子的數量比例大約是十億比一，如今總算可以證明。我們可以**很準確地**估計出光子的數量，因為只要把宇宙背景輻射所放射出來的能量全部加總起來即可。相形之下，重子的數量則比較難以估算。我們要先檢視一下氦元素的製造藍圖。製造氦元素，必須讓一粒質子跟一粒中子配對，先得到氘元素，也就是氫原子較為粗壯的兄弟。接著，這些氘原子（不帶電子的氘稱為氘核〔deuteron〕），可能會跟質子、中子或其他臭味相投的氘核產生核融合，這個過程要花費一點時間，直到一切都冷卻下來，所有的質子和中子就會各就各位，成為穩定的元素。

假設我們決定另起爐灶，製造另一個宇宙，這個宇宙要和現今的宇宙一模一樣，唯一的差別在於一開始的重子數量為兩倍。剛開始幾分鐘，這個試管宇宙應該會比我們的宇宙當時還要更擁擠。氘原子很快就被製造出來，接著，這些為數不多的氘原子頻繁地與質子或其他氘核相互撞擊，然後消失無蹤。順著這樣的邏輯思考，我們會得出一個結論：當初宇宙要若存在更多重子，今天的宇宙就會擁有更少的氘元素（就比例而言），而擁有更多的氦元素。

由此可見，微調一下初始條件，宇宙的化學組成最後就會變得十分不同，這也就是說，只要測量一下現今的宇宙擁有多氘，基本上就能估算出宇宙中總共有多少重子，也可以很準確地估計出其他元素的數量。換言之，知道氘元素，我們就能計算出重子物質的數

量。以最古老的恆星為例，其氘元素和一般氫元素的比例大概是一比十萬。

我們拿出前面的計算紙，會發現一般物質（即非「暗物質」）的Ω_B約為百分之五。這個數字很眼熟嗎？先前我們在計算恆星和氣體總共擁有多少質量時，得出到的也是這個數字。

哇！太神奇了！就這麼一下下，我們便證明了這套關於元素起源的理論，即使不是完全正確，起碼也準確得不可思議，並且證實我們從星系中直接測量到的結果。現在我們知道大霹靂發生後一秒鐘發生了什麼事，這個宇宙又存在了多少一般物質。甚至，這個理論模型還運用到了令人意外的三種微中子，同時測量結果也證實有三種不同的微中子。以相同的理論模型，我們也能夠正確預測例如氦三同位素（helium-3）和鋰元素等微量元素的數量，經由實際觀測發現，預測值與觀測值相同。

不過，先別高興得太早。要是大霹靂中只創造出了氫、氦、氘等幾種很輕的元素，那麼其他一切是從哪兒來的？碳、氧等生命所需的元素又是怎麼來的？畢竟小比利不會是從大霹靂中所創造出來的物質而組成的。其他較重的元素，例如碳、氧、黃金等，都是在星體中產生的。當質量龐大的星星以超新星的形態爆炸時（我們曾在第六章討論過），這些重元素便散播到宇宙各處，最後的最後產生你、我、海盜和小比利。

☀粒子的重量是怎麼來的？

夸克的黃金時代（10^{-12} 秒到10^{-6} 秒）

　　隨著回溯宇宙的時間愈來愈早，我們可以從中見到一個趨勢：宇宙的溫度愈來愈高，粒子的能量愈來愈強，這大致代表粒子的移動速度也愈來愈快。大部分的時候變化都是循序漸進的，但有時變化則會突然出現。

　　讓我們來看看，當宇宙的年齡只有10^{-12} 秒時發生了什麼事？在10^{-12} 秒之前，由於宇宙的溫度高得令人無法想像，甚至連希格斯子（詳見第四章）都無法凝聚成為今日所見的粒子狀態。因此，在這個時刻以前（是的，即便是極短的10^{-12} 秒，也可以名正言順地稱為時刻），宇宙中沒有粒子具有質量。不過，對其中某些粒子而言（例如電子或中子），是否具備質量其實無關緊要，畢竟這些粒子本身都非常輕盈，即使是希格斯子也以接近光速的速度在宇宙中快速奔馳。

　　可是，對其他粒子而言（例如弱作用力的媒介──W粒子和Z粒子），質量的產生則是大事一椿。在宇宙誕生還不到10^{-12} 秒時，W粒子、Z粒子和光子三者間其實並無差別，意思是說，電磁力（光子）和弱作用力（W粒子和Z粒子）並無不同，於是兩者便合而為一，成為所謂「電弱作用力」。

　　「具備質量」跟「不具備質量」兩者之間有著天壤之別，變化也不是漸進發生的。我們在第六章曾經提到過，空曠的外太空，事實上並不如想像般地空無一物。太空裡其實充滿了能量，不斷有粒子生生滅滅。這股「真空能量」造成了卡西米爾效應，可能就是宇

宙如今之所以處於加速狀態的原因。此外，它也是所有粒子產生交互作用的所在。在宇宙誕生大約10^{-12}秒時，這個**真空**從高能狀態變成低能狀態，同時也使得物理定律似乎也隨之改變，於是包括W粒子、Z粒子和希格斯子等所有粒子，開始擁有質量或釋放質量。當真空從某個狀態變成另一個狀態時，宇宙的某些對稱性似乎也隨之消失，弱作用力和電磁力從此分道揚鑣。

諸如此類的分道揚鑣，在宇宙的演變過程中發生過好幾次。如今，自然界總共有四種不同的力，但力與力之間的分野其實並不明確。第四章曾經提到過，物理學界一直以來都期待能夠找出一套萬有理論，足以涵蓋這四種力。愛因斯坦在學術生涯的後半期，大部分時間就是在做這件事，他試圖將當時人類所了解的基本作用力全部加以「整合」（當時人類只知道重力和電磁力），卻事倍功半。

如今，我們雖然有一套相當不錯的理論可以整合電磁力和弱作用力，但是就整合電弱作用力和強作用力而言，成績則並不理想。大一統理論究竟如何運作，目前我們所知不多，但應該可以假設，要結合這三種力，所需能量可能比宇宙誕生10^{-12}秒後所具備的能量還要高很多。在此之前，所有的四種力或許可以用萬有理論來加以整合。

不過，話不要說得太早。此時此刻我們只能問，當弱作用力和電磁力分道揚鑣時，宇宙是什麼模樣？想要回答這個問題，必須先釐清一個誤解。前面曾經說過，宇宙中存在著一種不對稱性，在宇宙誕生後的某個時間點，每產生十億個反質子，就會出現十億零一個質子。

但其實這從未發生。

從宇宙誕生至今，質子和中子的數量從來不算充足，年齡只有

10^{-12} 秒大的宇宙，和現今的宇宙截然不同。當時的夸克能量極強，不會乖乖待在質子和中子內。後來到宇宙誕生後百萬之一秒時，狀況才有所變化，當時，宇宙的溫度已經冷卻到某種程度，這使得夸克再也無法跑出中子或質子外。

這樣說來，在某種程度上，我們一直都問錯問題。與其問「為什麼每十億顆反質子會多出一粒質子？」不如問「為什麼每十億顆反夸克會多出一顆夸克？」如此一來，我們才可以一步步往前追溯尋求小比利怎麼來的問題。

❋是否有另一個你的完全複製體存在於其他時空？

暴脹（時間：10^{-35} 秒）

夸克時代以前，宇宙雖然存在了豐富的可能性，卻也混亂無比。當時的溫度極高，因此很容易就能以高能光子製造出夸克、電子和微中子。由於當時的各種粒子生滅的速度很快，因此我們不需要去分析什麼粒子發生了什麼事，或是去區分這是什麼粒子、那是什麼粒子，因為時間太短，基本上探討這些是沒有意義的。不過，儘管宇宙的成分基本上相當一致，沒什麼值得探討，但仍有幾個謎值得我們探究。

謎題一：「視界」問題

大致說來，宇宙各處的背景輻射溫度應該一致。也就是說，天空裡遙遙相望的兩個點，溫差應為約十萬分之一度。這聽起來似乎沒什麼了不起，其實不然。為了讓你明白，請容我們舉一個成人級

的例子加以說明。假設我們的海盜船長想要在浴缸裡泡個澡，於是他打開浴缸上方的兩個水龍頭，一個是位於船右側的水龍頭，注入在浴缸裡的是冷水，而另一個則是位於船左側的水龍頭，注入的是熱水。請問，若船長在浴缸剛注滿水瞬間立刻踏進浴缸，感受到的水溫會是一致的嗎？當然不。他會發現，某部分的水溫很燙，某部分的水溫很涼，因為浴缸裡的水不可能立刻達成溫度平衡。

截至目前為止，我們所做的一切關於溫度的計算，都建立在一個簡單假設之上：當宇宙的大小是目前體積的一半時，溫度應該是目前的兩倍。但是這同時也意味著，宇宙剛誕生時，各處溫度應該幾乎一致。然而，誠如先前浴缸的例子所顯示，甲地和乙地若溫度不同，則需要時間才能達成一致的溫度。溫度的傳導無法超越光速，同時時間也不足。

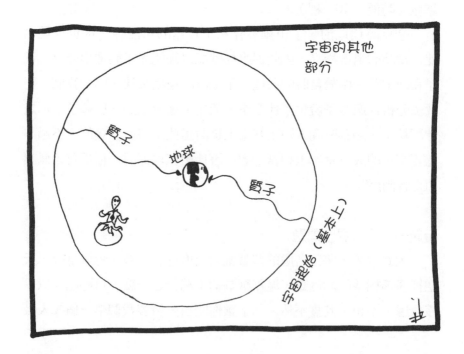

「等一下！」你可能會抗議，「宇宙誕生至今已經有近一百四十億年呢！已經過了這麼久，宇宙中的一切應該都已經混合均勻吧。」此話不假，但你可能忘了一件事。發射到北極的光線和發射到南極的光線，兩者的發源地一定南轅北轍，距離遙遠。

可以想見，接下來你可能會懷疑地說：「可是，大霹靂剛發生時，點與點之間的距離應該不遠，所以當時溫度應該很快就已經達成平衡？」

說得好！可惜你說錯了。的確，宇宙剛誕生時，點與點之間應該相當接近，但你要知道，當時的宇宙也非常年輕，而年輕的影響力比距離更大。我們知道，你可能會自動假設，在宇宙誕生「之初」，宇宙各處溫度應該一致，但你會這樣想只是因為，我們已經習慣性地以為，任何事件，都有比它更早的事件發生。但是別忘了，大霹靂是最初的最初，因此我們完全沒有理由可以自動假設，宇宙在誕生之初各處的溫度是相同的；不過我們知道，你大概認為宇宙是從一坨小球演變出來的。我們在上一章已經看到，宇宙的擴張並非如此運作。從零開始之後，無論是在哪個時間點，宇宙的每個點位之間都已經出現了一段距離。

根據物理學家的計算，當時只有距離在一度以內（約為滿月的兩倍長），兩點之間的溫度才有足夠的時間可達成均衡。既然宇宙大部分都從來沒有與其他部分互相接觸，為何宇宙看起來處處都很相似呢？為什麼我們在北半球看到的星系跟在南半球看到的沒有兩樣呢？

謎題二：「扁平」問題

　　在第六章我們探討宇宙的形狀時，已經探討過一個謎題。當時，我們注意到兩件事：

一、宇宙有所謂的臨界密度，臨界密度決定了宇宙的命運和形狀。當我們將暗物質、暗能量、重子、光子等所有質量和能量加總，再除以臨界密度，我們發現，實際密度和臨界密度的相對比例即 Ω_{TOT}，正好就是百分之百，或接近百分之百，這表示宇宙的形狀是扁平的。

二、假設 Ω_{TOT} 事實上不是百分之百，而有著些微的差異，那麼宇宙在不斷演變的過程中，密度應該會快速成長，然後塌縮（如果 Ω_{TOT} 大於百分之百），或者應該會縮水（如果 Ω_{TOT} 小於百分之百）。為了讓你更加明白，我們假設 Ω_{TOT} 在大霹靂發生後一秒鐘為百分之九十九點九九九九，那麼今天宇宙的實際密度應該會減少十億分之一才正確。

　　於是，我們碰到了另一個難解的謎。就上述資料可知，宇宙的形狀並非一定要呈扁平狀，但為何宇宙卻是扁平的？

解決之道：暴脹（Inflation）

　　一九八〇年代初，有若干研究者試圖要解開宇宙扁平的謎團及相關問題，例如強作用力和弱作用力如何結合，又在何時結合。當時咸認，能量愈高，各種作用力的特性就會愈相似。目前我們已經能夠利用加速器在地球上探討結合電弱作用力所需的能量，但是關於強作用力和電弱作用力的結合，目前還無法透過實驗進行驗證。即便是地球上威力最強大的加速器、大型強子對撞機，以目前的狀

況，還需要增加數兆倍的能量，才有辦法探討大一統理論。

即使如此，我們還是可以猜測，在大霹靂發生後10^{-35}秒[12]，宇宙的能量高得足以讓非重力的三種力相結合，而在電磁力和弱作用力相結合期間，當時的真空也處在**更高**的能量狀態。在此我們所說的溫度極高，高到令人難以置信而懷疑是否捏造（攝氏10^{27}度）由於目前還沒有一套公認的大一統理論，因此我們無法清楚交待細節，但可以想見若與電弱作用力時代結束時相似，這個時期也應該會出現一些奇怪的事。

關於這一點，一九八一年史丹福大學的亞倫・古斯（Alan Guth）提出他的看法：「宇宙當時發生了暴脹現象」。乍聽之下似乎十分荒謬。根據暴脹理論模型，在強作用力和電弱作用力分開後，瞬間宇宙開始以等比級數的驚人速度快速擴張，不到一秒鐘宇宙的體積就暴脹了10^{40}倍。

這就是宇宙暴脹的基本相貌，但無法解釋**為何**我們認為可以用這套理論來詮釋早期的宇宙。各位或許認為，宇宙以等比級數的方式快速擴張，聽起來不太實際，但其實並不會。要知道，在我們說話的每分每秒，宇宙都正在以等比級數的速度快速擴張。它與你已經知道的一個小東西有關，那就是「暗能量」。

此外或許你會擔心，宇宙擴張如此快速，會違反狹義相對論原則中所說，沒有東西能超越光速。**其實你無須擔心**，在此我們只是在解釋，**訊息**的傳遞速度可以超越光速，而太空是任意擴張的。

假設，血鬍子船長跟他的爪牙，決定拿搶劫來的物品到百貨賣場裡「銷贓」。血鬍子船長知道，他的手下大副溫克斯先生（Mr. Winks）跑得比較快，但他發現只要利用手扶梯，就可以快速增加移動速度，如此一來，他就會跑得比溫克斯先生快很多。因此你不

難想像，當溫克斯先生也踏上手扶梯，輕輕鬆鬆就超越了血鬍子船長，此時船長的心中會有多麼驚訝。

宇宙擴張時也一樣。這時候，粒子的移動速度或許看似比光快，然而這是因為，粒子背後的宇宙正在快速擴張。就算你曾經是宇宙剛誕生時的一顆次原子粒子，你也不可能跑得比光還快。這個事實，並不會因為宇宙正在擴張而變調。

然而，宇宙擴張為何會發生，才是更重要的問題。也許當強作用力與其他作用力分道揚鑣之際，便促使宇宙產生「相變」（phase transition）的效應，你不妨將它想像成是一種突發性的轉變，就像是冰塊在溫度提高到攝氏零度以上會開始溶化。此外，也很像是電磁力與弱作用力分離時所發生的轉變。

宇宙在暴脹過程中，充斥著一種「暴脹場」（inflaton field）[13]，暴脹場很像是如今控制宇宙中質量的希格斯場，並且與電磁力和弱作用力相關。由於暴脹的擴張與暗能量很相似，因此具有幾項共同特點。其中最重要的一項特點，暴脹場與暗能量一樣，在擴張時能量密度並不會變小。這在宇宙方程式中非常重要，就像我們在前面所說的，一般而言，宇宙的大範圍擴張表示溫度會急遽降低，令宇宙中的一切馬上結冰。但暴脹場就像一顆巨大的電池，當暴脹結束時，所有能量釋放，宇宙會重新充電，使一切事物都變得溫暖舒適，彷彿溫度的冷卻從來沒發生過似的。

當然你的疑慮並非沒有道理。但我們可以向您保證，若不是為了解釋在宇宙中所觀察到的這些謎一般的現象，我們才不會談什麼扁平不扁平呢。記得在視界問題中，我們不知太空中不同的位置如何可以達成溫度平衡，但暴脹理論可以輕而易舉解決這個問題。儘管宇宙誕生後沒多久就開始暴脹，但由於暴脹是由宇宙的一小區塊

開始先快速達成溫度平衡，接著，這個小區塊的宇宙再急遽膨脹，如巨獸般覆蓋了我們今天所觀察到的整個宇宙。

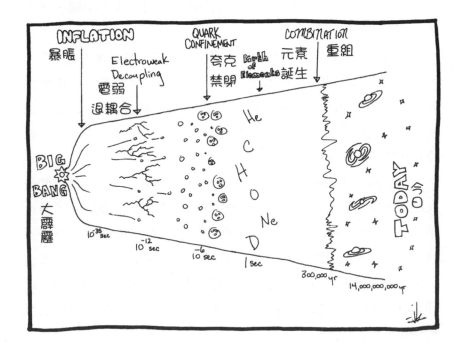

　　暴脹理論也可以用來解釋扁平問題，而且更加直覺性。假設我們將一顆氣球吹得很大，儘管氣球「實際上」是球體，但是對居住在該氣球上的螞蟻、人類甚至是星系而言，會覺得所看到的氣球表面是平的。換言之，就算我們的宇宙並不完全是平的也很接近。

　　所以這是否代表我們的宇宙擁有無限多的物質呢？畢竟，前面說過，扁平宇宙是無限的，既然到處都有物質，而空間又是無限延伸，自然也就暗示宇宙裡應有無限多的物質。

　　當人們一聽到「無限」的概念，腦袋裡立刻就會想：「要是

空間是無限的，物質也是無限的，可見在宇宙的某處存有另一個我。」便開始覺得自己並非獨一無二的。

放心，不管宇宙怎麼想，在我們眼中，每個人都是**獨一無二的**。

直到現在，在我們的討論中，宇宙的暴脹好像只發生過一次，但其實這種情形也許已經發生過好幾次，甚至無限多次（根據模型）。每一個小區域或許都曾經發生過暴脹，暴脹新空間的誕生也極快速，換句話說，宇宙數量可能是沒有發展上限的，亞倫・古斯將此概念視為「終極的白吃午餐」。

為了避免各位搞混，在此，我們應該將我們的宇宙，即我們現在和可預見未來所看得到的一切及可直接接觸到的一切，和「多重宇宙」（multiverse）先作區隔。所謂多重宇宙（這個概念有許多不同的名稱），就是許多人心中所以為的那個「最終」的宇宙。多重宇宙，也許是由許多不同的宇宙所組成的，而這些不同的宇宙，或許有時間上的先來後到，或許有空間上的阻隔，又或許永遠彼此直接互動。

在此請你別搞混，此處不同的宇宙，與第二章、第五章所提的量子力學多重世界詮釋並不相同。多重宇宙裡的不同宇宙，其實就是一般的老宇宙，其特性跟我們的宇宙可能非常類似（也可能並不相似），只是我們沒辦法前去造訪罷了。

讓我們姑且假設，多重宇宙是由無限多的宇宙所組成的。量子力學告訴我們，即便每一個特定的宇宙都是無限的，其可能的設計方式卻是有限的（但方式可能很多樣）。這意味著，在多重宇宙內的某個地方，可能存在著某個跟你一模一樣的人，也跟你一樣，此刻正在閱讀這本書的這段話，也覺得自己非常渺小。意識到這一點

之後，我們可能會感到謙卑，但也可能感到好像有很多人在偷窺你而毛骨悚然。倘若宇宙的數量果真多到無限，那麼在別的地方可能也存在一個與我們這個宇宙完全相同的複製品。

至於我們這個從暴脹中產生的宇宙，是否也是無限呢？不必要。宇宙的暴脹，並沒有讓我們的宇宙變得平坦，只是讓宇宙變得巨大遼闊，所以我們看起來宇宙好像接近平坦。此外這也意味著，理論上，物質的數量不可能多到無限，也因此，起碼在我們這個宇宙，並沒有另一個你存在。看吧，我們不是說過，你，是獨一無二的。

當然，由於我們並不確定宇宙在剛誕生剎那，重力和物質究竟如何運作，因此，以上所說都是學術上的臆測。

※ 物質是怎麼來的？

宇宙暴脹論更重要的是在解釋為什麼宇宙中每十億光子就會多出一顆重子，甚至為什麼會宇宙裡會有物質。但首先我們必須就物質與反物質提出幾項補充說明。

前面提到過，粒子與反粒子好比一對邪惡的孿生子。試問，要是有人在深夜偷偷將宇宙中的夸克全部換成反夸克，電子全部換成反電子，微中子全部換成反微中子，各位會注意到嗎？不會，因為一切看起來都不會有所不同。這個現象，物理學家稱之為「電荷對稱」（charge symmetry; C symmetry）。

截至目前為止，我們雖然沒有談到任何違反電荷對稱的情形，但這樣的情形應該存在，因為，宇宙中的一切，顯然都是由物質與反物質所共同組成的。粒子與反粒子，兩者間的差異只有一點點。

儘管如此，事實證明，微中子與反微中子並非完全相同。儘管兩者都會像陀螺一樣旋轉，但實驗結果顯示，所有的微中子都是依順時鐘方向旋轉（當微中子朝著我們旋轉時），所有的反微中子則是依逆時鐘方向旋轉的。

這個原則，聽起來似乎沒什麼大不了，然而它同時也意味著，要是將所有粒子都替換成反粒子，世界的確會變得有所不同。還好，我們有辦法解決這個問題，就是不僅僅將粒子替換成反粒子，也將左側替換成右側。這個替換的原則，物理學上稱為「對偶對稱」（parity symmetry; P symmetry），它會令順時鐘旋轉的東西變成逆時鐘旋轉，也會令逆時鐘旋轉的東西變成順時鐘旋轉。

問題是，要是同時將電荷跟對偶性弄顛倒了，宇宙的物理現象還會一模一樣嗎[14]？如果一樣，代表宇宙並不會區分物質與反物質，而我們也無從得知宇宙究竟是物質多還是反物質多。

再一次地，我們從加速器實驗裡找到了這個問題的答案。當能量很高時，加速器會製造出K介子和反K介子。多半的時候，K介子和反K介子的特性一模一樣，甚至連衰變時所製造出來的物質也非常類似。然而，每一千次中大約有一次，K介子會製造出不同於反K介子的衰變物質，儘管差別很小，卻證明了這個宇宙的確會產生不均等的物質跟反物質。

同樣的道理，在大一統理論時代結束之際，宇宙的能量極強，因此有能力製造出一種假設粒子，叫做X玻色子。X玻色子的質量極大，會快速衰變成其他粒子，如夸克和反夸克，但數量**不同**。另一方面，反X玻色子的特性應該跟X玻色子恰恰相反，於是照理這兩者應該會互相抵銷。但要是X玻色子與K介子一樣，宇宙中就會多出幾粒夸克，然後並多出幾顆重子。

　　因此，要是你打算告訴小比利他究竟是怎麼來的（還有宇宙中的所有物質究竟是怎麼來的），你應該告訴他，宇宙在剛誕生後的10^{-35}秒，出現了違反電荷對稱與對偶對稱的情形，所以才有今天的我們。

※最初的最初，發生了什麼事？

最初（時間：10^{-43}秒）

　　時間回溯愈早，宇宙的溫度就愈熱，而我們對宇宙的推測也愈來愈不確定。例如，我們對於大一統理論時代所知不多，但由於我們知道重力以外其他三種力的運作，也知道相關的理論，因此，大一統理論的內容會是什麼模樣，科學家可以做出合理的推測。

　　但另一方面，我們其實並不確定將重力與其他三種力相結合，或是與量子力學相結合，究竟是否正確？重力和量子力學的結合，時間尺度容許黑洞出現，但黑洞規模比宇宙視界還要大，這聽起來令人感到很荒謬。我們在此所講的時間尺度為10^{-43}秒，也就是小數點後再加四十二個零，這個魔術數字在物理學上稱為普朗克時刻（Planck time），但它究竟意味什麼，老實說我們並不確定。因為這個數字基本上是個數學公式運算的結果：丟進所有物理常數，選擇重力和量子力學可以結合的時間尺度，便可得出普朗克時刻。

　　第四章說過，若撇開標準模型不談，結合重力和量子力學一直是物理學上的主要問題之一。儘管最後弦理論或迴圈量子重力學說或許有辦法成功將兩者結合，但此時此刻我們並無法得知。例如，假使迴圈量子重力學說正確，表示不僅存在距離的最小單位，也存

在時間的最小單位。就好像我們在看電影時，會覺得畫面是連續播放的，但事實上，其影像是由每秒二十四張畫面所組成的，或許我們的宇宙也一樣可以分割成單位畫面。

就算空間和時間並非依據普朗克尺度，也是一片混亂。早在一九九五年物理學家惠勒就已意識到，真空中的粒子，既然不斷生了又滅、滅了又生，彼此抵銷，表示這些粒子一定具備有重力場。因此，在小於普朗克長度的尺度上，即便是空空如也的空間也一定是極端畸形和扭曲的，惠勒稱之為「量子泡沫」（quantum foam）。然而，量子泡沫如果真實存在（當然，從來沒有人見過），應該就有所謂最小的尺度存在。

現在我們先將這些全部忽略，只單純地假設時間可以不斷地往回推，一般的廣義相對論也不會崩潰瓦解。誠如我們在前面所理解到的，空間可以反折回去，因此是有限的，時間也一樣。因此根據廣義相對論，在大霹靂發生前，時間並不存在。大霹靂創造了宇宙，同時也創造了時間，就像「南極以南有什麼東西？」這個問題一樣令人束手無策。

真叫人傷腦筋。儘管我們大可以放心地說，空間可以擴張，物質可以無中生有，但無論是空間擴張還是物質創造，都是從**某個東西**開始。在宇宙暴脹時，即便宇宙的體積增加了幾兆兆倍，我們依然想像它是從某個小區域而有伸展性的空間變化出來的。粒子的創造也一樣，是能量轉化而來。因此，當我們談到大霹靂的奇點，很容易把整個宇宙想像成是一粒體積很小、密度很大的彈丸爆炸的結果。問題是，這樣的想像跟我們所知的物理運作方式相差了十萬八千里，因為畢竟我們並沒有得到一個確定模型，可以解說一個真實宇宙如何從一個微小點創造出來。

我們無法說明從前發生的事，所以，別再問了。

我們是說真的，我們真的不知道。

但如果你堅持要打破沙鍋問到底，我們或許可以作一些揣測。

✳️ 在開始之前是什麼樣子？

容我們再說一次：根據廣義相對論，並沒有所謂「大霹靂以前」這種事情存在。也就是說，如果要解釋給小比利聽，你應該說：在大霹靂發生以前，時間這東西並不存在。儘管如此，還是有一些可以討價還價的空間。既然我們不曉得普朗克時刻以前發生了什麼事（沒錯，毫無把握），我們就更不曉得大霹靂以前發生過什麼事。**總而言之**，底下兩種狀況是最有可能的：

一、宇宙的確有某種開始，但如此一來，我們就面臨了另一個更叫人坐立不安的問題：宇宙的**起因**是什麼？

二、宇宙是無始無終的，也就是說，無論在我們之前或我們之後，宇宙都擁有無限久遠的歷史。

其實，這兩種說法都無法叫人滿意，也都無法回答連世界各大宗教都感到頭痛的難題。以《舊約聖經》開頭的文字「起初神創造諸天與地……」為例，世界是上帝所創造的，如此一來，我們的宇宙就有了明確的開端。然而上帝本身應該是永恆的，所以上帝在創造宇宙**之前**在做什麼？

在時間開始以前，
一切都很單調乏味。

　　宇宙是自行創造出來的，這個答案已不再讓人滿意，我們必須指出合理的模型來解釋起初是什麼導致了宇宙的創生。關於這一點，塔夫斯大學（Tufts University）的艾力克・維蘭金（Alex Vilenkin）在一九八二年時提出了一個機巧的說法（你喜歡的話可以用理論二字），他指出，我們對量子力學的所學所知，可以提供多重宇宙的誕生一些線索。

　　首先，維蘭金指出，宇宙如果是從小泡沫演變出來的，這個小泡沫可能的命運有兩種。一，小泡沫如果夠大，真空能量應該會使

其擴張，接著產生暴脹。二，小泡沫如果太小，最後應該會破掉，然後消失不見。不過，我們在第二章從海德先生身上學到了一件重要的事，一旦引進了量子力學，沒有一件事情的發展會如人所料。還記得海德先生如何「隨機地」從地上的某個洞孔穿隧而出，同理，一個小宇宙也可能在隨機狀況下鑽到另一個更大的世界。維蘭金的理論很奇妙，無論宇宙的體積再小，這樣的穿隧效應都有可能發生，是的，即便沒有任何體積，上述情況仍然有可能發生。你知道如何稱呼沒有體積的東西嗎？空。

大霹靂發生前，宇宙是處於什麼狀態呢？體積為零，時間基本上則尚未定義。接著，宇宙忽然從空的狀態穿隧而出，開始擴張，最後演變成我們剛剛所看到的多重宇宙。問題是，演變出宇宙的那個「空」，**事實上**並非空無一物，至少它得懂得量子力學，就像我們學會知道物理原則是宇宙本質的一部分，但要是物理學早在宇宙誕生前或時間誕生前就已經存在，一定很令人困惑。

當然，不管你如何定義宇宙的源起，一定都會碰到這個問題。複雜萬端的宇宙如何從「空」當中演變出來？這個問題實在叫人頭痛。

另一個可能性，則同樣叫人坐立難安。這個多重宇宙，或許真的是永恆的，或是擁有無窮的歷史。在此，我們並不打算進一步探討其中所暗示的哲學或神學意義，但我們最起碼可以問：無限的宇宙可能如何運作？

無限的多重宇宙，版本一：宇宙是自己誕生出來的

小比利要是對「宇宙的最初」所暗示的意義感到不舒服，甚至已經大概了解這樣的討論會導向何處，那麼，你只要告訴他，「宇

宙是自己誕生出來的」這個答案會消滅任何人想要繼續追問的念頭，畢竟，生物學的問題問物理學家有什麼用！

儘管如此，宇宙的源起，仍然是個爭議性的話題。一九九八年，普林斯頓大學的 J・理查・哥特（J. Richard Gott）和李力新（Li Xin Li，音譯）提出了一個關於多重宇宙的想法，根據他們的理論，多重宇宙大概只能從時光機裡誕生。兩位學者指出，愛因斯坦的廣義相對論方程式，還可以用別的方法求出解答，而且這意味著，多重宇宙的發展，是以連續的迴圈方式不斷發展演變的[15]；這個迴圈就像一根樹幹，會不斷地抽出新芽，於是誕生出不同的宇宙（包括我們的宇宙在內）。一張好圖勝過千言萬語，就讓我們用這兩位學者所提出的圖畫來說明。

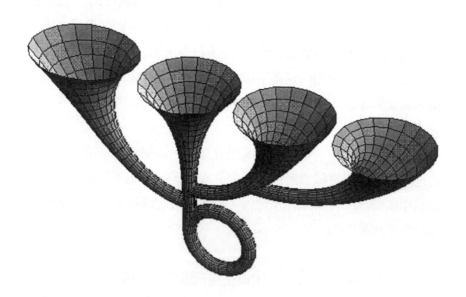

　　解讀這張圖畫的方式是，大致來說，時間是從底部往上發展的，因此所有事物都是從底部的小迴圈開始發展，這便是多重宇宙的源起。由於迴圈是週而復始地循環，表示多重宇宙並沒有開始。

　　有了這個圖，我們可以討論「大霹靂之後的時間」就是圖中迴圈向未來伸展，誕生新宇宙的時間。你還可以注意到，從最起始的時間迴圈，不只會發展出一個角，而是多個。這張圖與我們所知的多重宇宙暴脹學說觀點是完全一致的。

無限的多重宇宙，版本二：我們的宇宙並非最初的宇宙

　　先前，我們還談到過另一種可能性，但這個可能性立刻受到駁斥，就是：宇宙最後可能會向自身塌縮。但從我們目前的觀點來看，這個可能性吸引人的地方在於，宇宙如果最後是以塌縮收場，那麼，真實的情況或許是，所謂的多重宇宙，不過是一連串永無止盡的擴張與收縮，而我們的宇宙則是這個系列的其中之一。

　　然而這個假設有幾個問題。第一，目前存在於宇宙中的物質太少，無法讓宇宙再度塌縮。第二個問題則跟失序有關。我們在第三章已經談到過，宇宙喜歡失序。要把汽水罐頭疊起來，方法只有一個，就是一個一個整整齊齊地疊上去。但要是不小心推倒，罐頭就會散落各處。將汽水罐頭疊成塔的方法只有一個，破壞的方法卻有幾千幾百種；宇宙也一樣，隨著時間的推移，宇宙會找到愈來愈多方式將其他形式的秩序加以摧毀。

　　我們的宇宙如果是一連串擴張與收縮的結果，那麼大霹靂應該是在某個「起初」（問題是，這個起初又是由什麼東西所引起的？）之後幾十億年或幾兆年時發生的，這樣的話，這個宇宙應該有很長的時間足夠讓它變得混亂失序。但事實並非如此。回顧過

往，宇宙的發展其實相當平順，而且也處於很有秩序的狀態。因此上述理論完全無法加以解釋。

然而，近幾年有學者提出容許多重宇宙恆久存在的新循環理論。二〇〇二年，普林斯頓大學的保羅·斯坦哈特（Paul Steinhardt）和劍橋大學的尼爾·圖洛克（Neil Turok）根據弦理論所假設的其他次元提出了新的模型。如我們在前章所知，弦理論假設我們的宇宙並非只有三度空間，而有多達十度空間，只是我們的宇宙或許處在於一片只有三度空間的膜上，飄浮在多重宇宙裡，和其他宇宙沒有互動。

儘管如此，不同的膜和膜之間，不同的宇宙和宇宙之間，可能會產生重力上的互動。在這個模型中，令宇宙加快速度的暗能量，並不是真實存在的東西，而是膜與膜之間留下的吸引力[16]遺跡，暗物質也只是另外一片膜上的一般物質。偶爾膜與膜會相撞而發生「大霹靂」，而相撞後發生的一切則如前所述。

這些模型不但優雅，還附帶有不需要提出暴脹觀點來解釋扁平和視界問題的好處。至於「失序程度提高」的問題，這些模型也用一個故事性的方式來看待「失序增加」這個問題，他們認為，在歷經一次又一次的循環後，膜會愈變愈鬆，因此失序的現象也得以在愈來愈大的空間中擴展。而我們口中所稱的「宇宙」，不過是膜上的一塊小區域，因此宇宙的開始也不過只是膜與膜之間的小擦撞。

聽起來很不錯，只不過有個大問題，那就是以上的假設建立在弦理論上，問題是物理學界目前仍不認為弦理論是正確的。再者，宇宙如果真的只是一連串收縮與擴張的結果，可能狀況也有好幾種，弦理論所描述的不過是其中之一。例如，假使迴圈量子重力學說終究是正確的，你在追溯宇宙時，會發現停頓在普朗克時刻，宇

宙就是無法比這個時刻更年輕，或體積更小，於是，時間將會自動逆轉。換句話說，要解決這個問題有個更**自然的**說法，那就是，宇宙是永恆的。

　　說到底，大霹靂理論面臨了跟演化論同樣的基本問題，儘管兩者都能完美解釋宇宙（或生命）在剛誕生時發生了什麼變化，卻無法真正說明宇宙或生命一開始**究竟**是怎麼來的。不過，我們不能因為一套理論無法完全解釋就認為它不好，即使我們的好奇心並沒有得到滿足。至於小比利最初所提出的問題，我們的解釋或許可以用下面幾個字來終結：「老實說，我們也不曉得你究竟是怎麼來的。」

註解

1　不可否認，用「大霹靂」之類的字眼來說明這件事，可能會對孩子日後的心理發展造成負面影響。要是如此，後果只好交給心理學家去處理。

2　如果這是益智問答節目《危險境界》（*Jeopardy*），問題應該要改成：「什麼是纖維質豐富的膳食？」

3　相當於 T 型六角板手。

4　現在各位總算了解，這樣的回答為什麼可能對一個孩子造成多年的心理創傷。運用科學知識時，請千萬謹慎小心。

5　沒錯，我們一樣會講幼稚低級的笑話。謝謝你喔。

6　絕對零度是可能的最低溫度（即攝氏負二七三度或華氏負四六〇度），在這個溫度下，所有的原子都會完全停止活動。

7　要是你家中有不只一本物理學書籍，或是想查一查維基百科好確定我們沒有唬弄你，那我們要先提醒各位，在天文學界，幾乎每個人都稱這個時刻為「重組」或「復合」（recombination）。但是在我們看來，這樣的稱呼有點名不符實，因為，不管是「重」或「復」，基本上都意味著這件事已經發生過了，而不是第一

次發生——但這件事應該是第一次發生才對。

8 但要是這樣的話,你恐怕也被這道光給烤焦了。

9 爺爺,我們知道,一切都是老的好。

10 氘,音同刀,又叫重氫。

11 跟真正的光棍一樣,有些中子會變得失魂落魄,身上只穿襪子和內褲,罐頭裡的啤酒變溫了也還在喝。

12 10^{-35} 秒有多短呢?為了讓大家有點概念,這樣說好了:即便是光,在這麼短的時間內,在原子核內也只能穿愈大約一兆分之一的距離。

13 不,inflaton這個字沒有拼錯,一如其他的粒子,電子拼做electron,光子拼做photon,暴脹子則拼做inflaton。

14 要是我們來到費米實驗室,將所有微中子都偷偷換成佛格斯即溶咖啡(Folger's Crystal),看誰會發現有何不同。

15 如同電影《今天暫時停止》(*Groundhog Day*)所描寫的一樣。

16 所謂「膜與膜之間的吸引力」,還有另外一種說法,就是「愛」(至少在科學社群中長相不重要)。

8

外星人

「別的行星上有生命嗎？」

　　物理學家所面對的問題，有些的確是很叫人頭痛。我們談到過時間的開始，時間的結束，以及介於這兩者之間的種種。我們探討過浩瀚無垠的外太空，也探討過物質的組成。在介紹量子力學時，我們甚至碰觸到人類有史以來最艱難的問題：自由意志與決定論，究竟孰是孰非？物理學這個領域，充斥了許多奇奇怪怪的問題，因此最安全的明哲保身之道或許是埋頭專心計算，然後再偷看答案[1]。

　　另一方面，很多人似乎以為，既然物理學家有能力思考像宇宙這樣大的物理現象，對於真理的本質或許擁有某些特殊的了解，或起碼知道我們是不是宇宙中唯一的生物。但要是你真的拿這樣的問題去問物理學家，很多人大概都會紅著臉回答自己還有一些物理學運算還沒做。儘管如此，奧妙玄祕的大問題就很難迴避了。大家都知道，牛頓不但是他那個時代最偉大的物理學家（或許也是後世許多時代最偉大的物理學家），還是個很虔誠的基督教徒，除了發明物理學說和微積分，他居然還有時間思考一支大頭針頭上可以有多少天使同時在上面跳舞？運用物理學知識去回答非物理學的問題，多年來已經成為一個光榮傳統。也就是說，要是有人問起相不相信外星人存在？我們不能裝作無知，而必須假裝自己知道答案。

✻ 人都去哪了？

　　讓我們從最明確的問題開始談起。一個問題不屬於物理學的範疇，不代表物理學家就無法在談話中貢獻出有趣的內容。譬如：「我們是否與外太空有過接觸呢？」

　　最簡單的答案是：我們不是陰謀論者，我們不相信有所謂管制外星人的地下「51區」（Area 51），我們相當確定從沒有幽浮在地

球上墜毀。儘管我們很**想要**相信外星人是真的，但要是真的有外星人造訪過地球，我們一定會非常驚訝。

人類向外太空發射訊號，至今僅約六十年。就算外星人真的存在，也不見得會想造訪地球，除非他們偵測到有可疑的訊號從地球上發出，好奇這些訊號是從哪裡來的（但要是他們收看了電視畫面，相信好奇心馬上就消失無蹤）。假設他們在偵測到訊號之後立刻出發，最快也不可能比光速還快。

如果會有可以造訪我們的外星人，他們居住的地方最遠距離地球不能超過三十光年。因此符合條件的恆星大概有四百顆，但截至目前為止，我們還沒有看到任何直接的證據顯示，這些恆星擁有任何像地球般的行星，也沒有生物，更別說是智慧生物。更何況我們發出的訊號非常微弱，因此就算有外星文明主動尋找，恐怕也很難偵測到這些訊號。

不過，由於宇宙如此浩瀚，因此我們很容易理所當然地以為，在外太空某個地方，一定存在其他的文明。二十世紀最偉大的物理學家之一恩里科‧費米（Enrico Fermi）如此總結這個基本的問題。想想看，存在於外太空的恆星，數量如此龐大，除非我們這個太陽系有什麼極端特殊之處，否則其他的恆星，應該有部分或許多都已經演化出智慧生物，甚至移民到其他行星。根據我們自己在地球上的經驗，只要是可居住的角落，很快就會被人類的勢力所佔據，相信外星人也一樣。這個宇宙年事已高，照理說應該已充斥著許多智慧生物，而外星人也應該跟我們聯絡過很多次。既然如此，「人都去哪了？」費米問。

　　老實說，費米在這個問題上所使用的數據並不是十分精確，他對人類或外星人發展出超越光速的科技或殖民其他星系的可能性，也似乎抱持了過度樂觀的態度。儘管如此，費米所提出的這個悖論，卻為後人在這個問題的思考上鋪了路，讓我們可以運用我們在天文學和物理學上的知識去推算出，外太空有外星生物存在，且該外星生物有能力造訪地球的機率，究竟有多高。換句話說，根據目前對我們這個星系的了解，存在其他智慧生物的機率有多高？

　　要回答這個問題，最簡單的方法是反覆對我們周遭的許多恆星進行長時期的觀測。理論上，一個超文明如果想讓外界知道他們的

存在，應該會以可辨識的數值模式發射出無線電訊號，好讓其他智慧文明能偵測到。由於人類科技限制，還沒有能力發射足以跨越星際距離的訊號，因此只能接收訊號。如果你覺得這個情節很熟悉，我們也不意外，因為這正是小說《接觸未來》（*Contact*）的基本前提；完成於一九八五年的《接觸未來》，原作者是天文學家卡爾·薩根（Carl Sagan），後來被改編成為一部相當精彩的電影，由茱蒂·福斯特（Jodie Foster）擔綱演出[2]。

我們想要與外星人接觸的想法雖然只是期望，但背後的科學卻早已實際進行。自一九六○年代以來，人類便開始結合各界努力，積極推動一項名為「尋找外星智慧」（Search for Extraterrestrial Intelligence; SETI）的計畫，計畫宗旨從名稱上就可以得知[3]。我們不想潑各位冷水，但截至目前為止，這項計畫還沒有發現到任何值得打電話回家報喜的好消息。

外星人有辦法造訪我們嗎（如果他們想要）？

假設，尋找外星智慧計畫最後終於成功發現某個外星文明，而且，很幸運地，這個文明基本上在我家後院就可以看到。再假設，地球上的我們想要駕駛太空船，前往距離地球約四光年（其實是四點三光年，但相信沒人在乎）外的半人馬座阿爾發星去拜訪他們。試問，我們辦得到嗎？老實說，應該辦不到。不過，幻想一下又何妨！透過一點科幻小說級的工程知識，我們還是可以思考如何達成這件事？

首先，我們不可能利用所謂曲速引擎（warp drive）使用比光

還快的速度在太空中飛行，因為那根本是無稽之談。至於製造蟲洞，門都沒有，太不切實際了。此外，就算人類的太空飛行科技已經發展成熟，我們也不可能立刻就將太空船的速度加快到光速的百分之九十九，因為，那樣的G力會殺死我們！因此，讓我們姑且假設，太空船在加速時頂多會用到1G的能量，畢竟我們希望旅程是平順舒服的。太空船出發後，旅程的前半段，我們會被甩到船艙後頭，但由於加速度，會產生人造重力，使我們感覺起來就好像在地球上一樣。到了旅程後半段，太空船必須慢慢減速，另外還有能源的問題。即使太空船體積不大，船艙只有一個，裡頭的空間也僅能容納一人[4]，仍然要耗費很高的能量，光是加速，就要用掉相當於今天全美國三個月所消耗的能源。

以上都是技術上的「小問題」，大可加以忽略，重要的是，我們能否在有生之年抵達半人馬座阿爾發星？

答案只要計算一下就知道了。這趟星際之旅的第一個光年，大概要耗掉一點七年的時間，第二個光年則只要花一點一年。到了中途，太空船的速度已經高達光速的百分之九十四。當然這時候我們應該開始減速，以免在最後以接近光速撞上目的地。把所有的數字加一加，整趟旅程，會花掉大約五點六年的時間。這趟旅程的內容，若拿來寫科幻小說，應該寫不出什麼驚心動魄的傑作[5]，雖然沒有人會阻止你這麼做。

還有個小問題：剛剛提到那些關於時間的數字，都是我們在地球上的朋友測量出來的。但第一章提到過，在接近光速的情況下前進，時間會變慢。所以，對坐在太空船裡的人而言，整趟旅程只要花三點六年——由於半人馬座阿爾發星位在四光年外，因此我們自然以為必須飛行四年。不過我們還是以低於光速飛行，

因為接近光速,速度極快,空間和時間會被扭曲。拜此時間膨脹效應之賜,理論上,我們這輩子應該有辦法抵達更遠的恆星。問題是,對地球上的人而言,時間並未變慢,時光不待人喔。

我們是否該樂觀以對?顯然地,費米是樂觀的,他認為外星人可能來自宇宙任何星系,不過只考量我們的星系會比較實際。我們可以利用本書致力推銷的統計方法去推算宇宙中其他區域存在智慧文明的機率。尋找外星智慧計畫創立人之一法蘭克・德瑞克(Frank Drake)於一九六〇年代以機率論為基礎,發展出一套方法來推算我們的星系裡是否還存有其他外星智慧生物。

德瑞克方程式已經過多次修改,以最簡單的形式來說,它可以讓我們將所有智慧文明發展的限制全部考量進去:

一、星系裡總共有多少顆恆星?

二、這些恆星系裡,擁有行星的比例有多少?

三、這些行星裡,能維持生命生存者,比例有多少?

四、這些行星裡,**真的**維持過生命生存者,比例又有多少?

五、若發展出生命,這些生物最終演化成智慧生物的機率有多少?

六、智慧生物將生存訊息發送到外太空裡的機率有多高?

七、我們預估這些文明會持續多久?

在這張清單裡,前面幾個問題,只要有正常感官的人就能回答,愈後面的問題則愈難,一般人和專家的答案不會差別太大,但我們物理學家還是能利用吃飯的傢伙得出差強人意的估計。

讓我們從最簡單的第一個問題開始。我們原本期望外太空應該存在很多智慧生物,畢竟我們的星系(即銀河系)總共有大約

一百億顆恆星，而一顆恆星的平均壽命是數百億年。依我們這個星系現今的年紀而言，一般來說，每年大概會有十顆新恆星誕生，而每一顆恆星的誕生，代表了一個新文明誕生的機會。只是我們不確定其中有多少星系能培育出合適的環境（如同我們的太陽系），但有一件事我們相當確定，生命必須要有一個合適的星球才能生存。

✦外太空有多少適宜居住的行星？

尋找外星智慧計畫剛成立時，除了地球之外，僅知的八顆行星全都位在我們的太陽系內，但這些行星有的太熱，有的太冷，不然就是由氣體所組成。當時的人們認為，要想在外太空裡尋找到另一個文明，或另一個可供殖民的星球，希望似乎十分渺茫。這並不是說，人們不認為其他恆星周圍不存在行星，而是還沒找到這些行星[6]。

不過，自一九八〇年代末和九〇年代初起，情況開始大大改觀；天文學家發現了一顆又一顆的太陽系外行星。一般來說，要發現行星，必須先找到它的母恆星；我們知道，行星會環繞恆星運行，而恆星在技術上來說也是環繞行星運行。行星質量如果夠大，且距離母恆星夠近，則恆星在每一次繞行時就會產生輕微的擺動（wobble），透過測量這個效應，我們就能推算出周圍環繞運行各行星的質量大小。

這些新發現的行星，有些我們近日甚至可以直接看到。二〇〇八年，加州大學柏克萊分校和位在英屬哥倫比亞的赫茲伯格研究院（Hertzberg Institute）的研究團隊，分別拍下了兩個行星系的照片，名字分別為Fomalhaut b和HR 8799。但你別指望能在照片中看到綠草

如茵的沙灘和都會的天際線，畢竟，這些照片的大小不過就只有一個像素。再者，那也不是那種你會想去度假的地方，因為它們的其質量都比我們的木星巨大很多，也幾乎可以確定是由氣體所組成。

二〇〇九年初，美國太空總署將克卜勒人造衛星（Kepler satellite）發射升空，開始進行大約十萬顆恆星的持續觀測，注意這些恆星是否有行星繞行的跡象。當恆星和地球之間有行星經過，恆星的亮度就會稍微減弱，由於這個現象的發生是週期性的，因此可用來推算行星的體積、與恆星的距離、繞行恆星一圈所花費的時間（即該行星上一年的長度）等等重要的特性。

如今，我們已發現超過三百顆太陽系外行星，粗略估計，這些恆星有大約百分之十五擁有行星，其中許多不只一顆。不過，根據截至目前為止的發現，其中絕大多數都比較像木星而非地球，這些地方應該都無法讓生命蓬勃發展（除非你喜歡在一團巨大的氫氣大氣層裡游泳）。

天文學家真正想找到的，是有岩石表面的行星，用天文學的行話來講就是「類地行星」（terrestrial planet），然而這其實非常困難。類地行星的質量，比由氣體組成的龐大星體還要小得多，而且在母恆星身上所引發的擺動程度也較輕微，因此，相較於所謂類木行星，發現類地行星實在困難得多。但沒關係，我們還在繼續努力。我們期盼，克卜勒人造衛星能發現大量的類地行星，雖然究竟能發現多少我們也不知道。真希望能有某個好運氣的外星文明，也建造了一個屬於他們自己的克卜勒人造衛星版本，能夠偵測到地球的存在。

但誰說一定要得等克卜勒人造衛星將偵測報告回傳呢？我們在第六章談到過「重力透鏡」現象，也就是說，當某遙遠的星系和

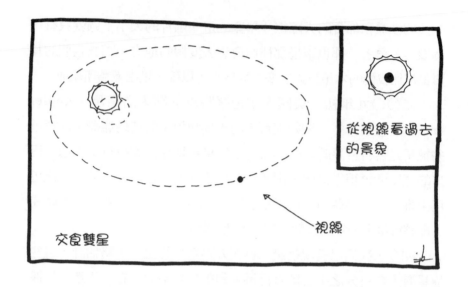

從視線看過去
的景象

視線

交食雙星

我們的星系之間有其他星系或星系團經過時，該星系或星系團的重力場將會令遙遠之外的星系所放射出來的光產生放大和扭曲。任何質量，無論大小，都會令其背景光線放大，也因此數十年來，天文學家一直在留意所謂「微重力透鏡事件」（microlensing events），也就是說，在地球和某遙遠的恆星之間，是否有恆星或其他物體經過。當這樣的情況發生時，遙遠之外的那顆恆星，亮度就會增強，持續幾天或幾週後才再變弱。透過觀測這樣的變化，任何種類的質量（包括行星在內），都能夠被偵測到，只不過，我們必須非常幸運。二○○五年，光學重力透鏡實驗（Optical Gravatational Lens Experiment）在觀測某顆恆星時，就額外偵測到了一個微弱的訊號。原來，這個訊號所代表的是有史以來我們看到過跟地球最像的系外行星，質量只有地球的大約五倍半，天文學家將它命名為OGLE-2005-BLG-390Lb。只可惜因為此行星地表的溫度約為華氏負三百七十度，因此行星上面無法住人。

　　我們假設生命只能夠在有岩石地表、有液態水的行星上才能發展，不過，這畢竟只是假設，因為我們自己是在這樣的環境下誕生出來的。但這種假設也不無道理，畢竟，我們真的不曉得，外太空裡還存在了什麼樣的生命型態。另外，生命也可能不是在行星上演化出來，而是在行星周圍的衛星上，這也不無可能。多年來，一直有人推測，木衛二（Europa）的地表下或許有液態水存在。沒有人知道生命有沒有可能在某處演化出來，我們只能說，在我們太陽系裡的其他行星或各行星的衛星上，似乎沒有生命的發展。就算我們把有可能發展出生命的行星範圍擴大，基本狀況依然沒有改變，生命依然相當罕見。

　　然而，即便在我們的太陽系裡，一顆行星就算擁有岩石地表，也不保證它就得以列入「M級」（如寇克艦長在影集中所指稱）。例如水星和金星一直都太熱，火星則沒有像樣的大氣層，又冷得要死，只有地球剛剛好，各方面都符合條件。此外，在我們的太陽系裡，所有行星繞行太陽的軌道基本上都近似圓形，也就是說，一年之中，行星上的溫度並不會變化太大。相較之下，目前已發現的三百多顆系外行星，公轉軌道都呈扁橢圓，也就是說，一年之中大概有一半的時間會熱得要死，另一半時間則冷得要死。然而不管太冷或太熱，對於生命的發展都沒有助益。

　　但我們也不必太過悲觀。二〇〇七年，天文學家又發現了一顆行星，並命名為葛利斯581d（Gliese 581d）。儘管其質量約為地球的八倍大，但由於距離母恆星**幾乎**夠近，因此水可以融化。雖然我們尚未得知上面有沒有水，也不知有沒有任何溫室氣體可以為該行星提供溫暖，但就維持生命而言，葛利斯581d行星是截至目前為止最有希望的。

人類對於搜尋系外行星的功力雖然愈來愈高，卻尚未發現到任何可以維持生命的行星。因此，當我們讀到德瑞克方程式中的第四個問題：「這些行星裡，真的維持過生命生存者，比例又有多少？」也只能無奈地搖搖頭。就我們所知，**有能力**維持生命生存，也**的確有在**維持生命生存的行星，只有一顆，就是地球。因此，關於上述問題，我們實在無法下定論。

儘管如此，我們仍有充分的理由抱持樂觀的態度。想想我們的地球，在大約四十六億年前，地球誕生了，之後又過了約八億年，在地球出現了生命。換句話說，在我們唯一可參考的地球例子裡，一旦有適合的環境，生命就會立即出現。

智慧文明能維持多久？

地球上，即便是看似不可能有生命的所在，也有許多生物在那裡欣欣向榮地活著。不過，我們對於和星際細菌[7]溝通並不是那麼感興趣，我們希望接觸到的，是皮膚呈綠色、來自參宿四（Betelgeuse）的外星寶貝，但生物在某個時間點上發展出智慧的機率究竟為何，老實說我們並不知道，畢竟這樣的事情似乎只在地球上發生過，而且發生至今也不過幾百萬年。

一般人對演化論有個錯誤的理解，以為所有生物包括猴子、肺魚等，都是朝著生命的最高型態，也就是人類的方向發展。可惜演化論從來沒這麼說，在實際情況中，智慧並不代表比較適合生存，因此生命最後不一定會發展出任何形式的高等智慧。人類高卡路里消耗的大腦，長妊娠期，無獨立能力的童年，對於「演化」的樂透來說是個很糟糕的投資，但偶而（只是我們**不**曉得頻率如何）樂透

彩也會中獎。

　　因此，我們不妨假設，時不時會有一隻猴子或一團膠狀物突然決定，牠要發明語言、生火技術、爵士薩克斯風。那麼，這樣的好時光可以維持多久呢？前面提到過，費米認為，文明一旦創建起來，就可以維持千秋萬載，並且進而入侵別人的地盤，換句話說，一個文明的發展程度如果夠高，老早就已闖進鄰居家門了。

　　一九九三年，哥特提出他所謂的「哥白尼原理」來處理這個問題，他的假設很簡單：你，我，事實上並不特別[8]。回顧人類歷

史，每當我們**以為**自己很特別，最後總是證明是錯的，因此這樣假設似乎相當合理。在我們這個太陽系裡，地球並不特別，它是八顆行星裡的第三顆，這八顆行星則都繞著太陽運轉（這一點倒相當特別）。儘管如此，太陽並不存在於我們這個星系的中心，甚至距離星系中心長達兩千五百光年。而我們的星系，也不位在宇宙的中心；事實上，並沒有任何東西位在宇宙的中心。當人類開始發現系外行星後，也許我們有一天會發現，連地球這個具有岩石地表，位在適合居住帶的行星，事實上也並不是那麼罕見。

因此，倘若你是某個不怎麼特別的物種裡、某個不怎麼特別的樣本，這意味著，在任何特定的機率分配中，我們應該都位於靠近中央的部位，儘管不見得一定在正中央。假設，有這樣一本書，頁數總計百頁，裡頭以極小字體記載了古往今來所有曾經活著和將來會活著的人的名字，並按照出生年月日排序，如果你的名字出現在這本書的第一頁或最後一頁，想必會你一定會大吃一驚，因為，生活在文明最開端或最末尾的人，只佔所有人類的百分之二。聽到這裡，你是不是覺得自己很幸運？

一般來說，物理學家對於自己的研究結果，只要有百分之九十五的把握，就膽敢加以發表，也就是說，以上面這個例子而言，只要你活在人類文明最前面的百分之二點五和最後面的百分之二點五之間，那麼你就屬於「平均值」。在這個範圍的最開端，晚於你誕生的人，會比早於你誕生的人多出三十九倍；而在這個範圍的最末端，情況則顛倒過來，早於你誕生的人，會比晚於你誕生的人多出三十九倍。

讓我們姑且假設，地球上的總人口數，從古至今，以至於未來，一直都維持不變。這樣假設是為了簡化我們的計算，更何況，

這對實際運算結果並沒有多大影響。再假設,「人類」從出現到現在,已經過了大約二十萬年(我們知道這個數字武斷了點),那麼,我們就有百分之九十五的把握,人類未來還能存活的時間,大概在五千一百二十八年到七百八十萬年之間。真是個好消息啊,世界末日離我們顯然還很遙遠,雖然,遺憾的是,人類終究還是會消聲匿跡。

但事情的發展還有另一種可能性。假設某文明發展出極先進的科技,能進行星際旅行,到星系內遙遠的另一邊進行殖民。如此一來,你誕生在被殖民星球上的機率,應該遠高過你誕生在原始星球(即進行星際旅行以前)上的機率,但這正是費米悖論中令人矛盾之處。我們若不是非常幸運,是日後星際殖民王朝的祖先,要不就是很倒楣,在我們的祖先出現地球上殖民後,我們和我們的後代就被困在這裡。

當然,跟其他的許多說法或理論一樣,以上所說,不過是一項機率的陳述。

再者,根據德瑞克方程式玩這些機率遊戲有一個大問題,就是在此方程式中的許多變項我們多半沒有把握,有把握的程度不但不到十分之一,有些甚至不到百分之一。但德瑞克本人卻根據他自己的看法,將他認為合理的數字放進方程式裡,並估算出下面這個數字:我們的星系裡,除了地球外,可能還存在了十個智慧文明。德瑞克之所以積極推動尋找外星智慧計畫,期盼上述估計能夠成真,也是他主要的原動力之一。

因此,外星智慧文明存在的實際期望值,或許比這個數字還要小上一百倍甚至一千倍。光是這一點,就足以讓人嘖嘖稱奇。畢竟,將德瑞克估算出的數字除以一千,那麼便意味著,在體積跟我

們差不多大小的星系裡，有智慧文明存在，而他們興沖沖地將存在的訊息透過無線電波發射到外太空的機率，平均只有零點零一。怎麼可能？畢竟，我們很清楚一件事：在我們的星系裡起碼有一個智慧文明，就是人類。德瑞克方程式雖然有助於我們進行估計，但撇開這個方程式不談，誰知道真實的情況究竟如何？

俗話說：「閃電不會擊中同一個地方兩次。」放在我們剛剛討論的情境下來看，這句話則意味著，一顆行星（也就是地球）上出現智慧生命的機率實在是太低，因此地球和另一顆星球都有智慧生命存在的機率就更微乎其微。可是，說真的，與其說「閃電不會擊中同一個地方兩次」，不如說「閃電從來不會**只發生一次**」。換言之，若我們隨機挑一顆恆星，問：這裡頭會不會發展出智慧生物來？答案應該是：機率很低很低。然而另一方面，地球畢竟不是隨機的。想當初要是沒有智慧生物在上面出現，今天就不會有我們在這邊討論這個話題。

✳ 我們「不存在」的機率又有多高？

現在，我們正在這裡，討論我們存在的機率有多高。可是，這樣的討論不可能發生在月球上，因為那兒並沒有智慧生物可以來進行這種討論。你（或其他智慧生物），正在這裡參與討論的這個事實，便意味著這樣的討論一定要發生在一個有可能演化出智慧生物的世界。

這個道理，在我們的宇宙裡顯得格外真切。以發現一組物理定律來描述整體宇宙而言，人類到目前為止的表現還算不錯。問題是（這個問題在大部分的討論裡都會遭到忽略），標準模型裡提出的

好幾十個數字，是無法根據基本原理推算出來的。我們一廂情願地認為，這些數字背後一定存在了什麼基本原理，但此時此刻，老實說我們真的無法得知這些原理是什麼。

例如，電子、夸克、微中子，為什麼擁有現在的質量，我們不知道。宇宙中幾種基本的力，為什麼擁有現在的力，我們也不曉得。但這些數值只要有任何一個產生小小的變化，就可能大大改變整個宇宙。例如，弱作用力要是更弱，所有的質子和中子應該都會在大霹靂發生後沒多久便全部轉變成氦。各位也許知道，氦是所謂惰性氣體（noble gas）的一種，很難跟其他元素相結合，但沒有氫元素就代表沒有化學作用，沒有化學作用就不會有今天的我們。

再舉一例。電子的質量，要是比今天的實際數值更輕，加速起來就很容易，甚至可以加快到接近光速的程度，如此一來，恆星就不可能形成。但沒有恆星，就不會有包括碳在內的重元素產生；然而碳是生命形成的必要元素。也就是說，電子要是太輕，這個宇宙就不會有恆星和生命存在。

因此，要是這所有數值都並非宇宙基本物理定律的必要條件呢？要是它們基本上是隨機的呢？要知道，這幾十個數值中只要有一個稍有不同，今天的我們就不可能存在。更何況，若考量到其他智慧生物所需要的水（起碼也必需要有複雜的化學環境）等物質，這個宇宙甚至連半隻猿猴都不會有。

儘管如此，人類**確實**存在，甚至還在這裡高談闊論我們的存在有多麼難能可貴；這個事實，布蘭登·卡特（Brandon Carter）稱之為「人擇原理」（anthropic principle）。卡特在一九七四年提出這個詞彙時指出，「我們能觀察到什麼，一定會受到我們身為觀察者的條件所限制。」這項陳述，顯然是正確的，也可能是有用的，但

是卻遭到許多「嚴肅的」物理學家的忽略，許多人甚至拒絕加以討論。

總之，無論機率多低，宇宙在各方面若沒有微調到足以維持智慧生物成長的地步，就不會有智慧生物在這裡討論這件事。所以宇宙是特別為我們所設計的嗎？很遺憾，大部分物理學家都不是這麼想。或者我們的宇宙，事實上不過是眾多宇宙當中的一個？這倒不無可能。前面談到過平行宇宙，也許我們的宇宙，真的是某個更大的多重宇宙當中之一罷了，只不過，在這所有的宇宙當中，只有一小部分擁有足以維持生命的適當條件，很顯然地，我們就住在其中。

當然，我們的宇宙恰巧能夠維持生命生存，這個事實對於基本物理學當然意義非凡。然而，從機率的角度看，目前我們的確很有可能是宇宙中唯一存在的智慧生物。

科幻影集盲目大評比

常有人問我們，他們最喜歡的科幻影集，從科學的角度看究竟正不正確？老實說，不怎麼正確。不是說編劇們喜歡捏造事實，而是編造出來的科學較為有趣。底下，我們將科幻影集在科學事實上最常犯的幾個毛病（僅部分而非全部）列出來。

沒有東西能跑得比光還快，儘管如此，外太空實在是太大了，若是照實際情況來演，一部影集恐怕得好幾個世紀才播得完，這樣的影集恐怕沒有人會想看。因此，不管是透過曲速引擎、超光速飛行或蟲

洞，幾乎每一部熱門影集都違反了科學事實。

如果製作單位要拍攝太空人在無重力的情況下，在太空船或太空站內漫無目的地飄來飄去，不僅要耗費龐大資金，也會令觀眾看得霧煞煞，因此，這類影集多半會安排某種人造重力系統來迴避這個問題。但要辦到這一點只有三種方式：一，讓太空船像打陀螺一樣不斷繞圈（就像電影《二〇〇一太空漫遊》裡所描述的）；二，在裡頭塞滿磁鐵；三，令太空船不斷加速（就像我們前往半人馬座阿爾發星的太空之旅一樣）。儘管如此，大部分影集都不會正視這個問題，而是隨便發明一套「人造重力」系統來加以應付——這對嚴肅的科學而言真是一大侮辱。

此外，任何科幻影集要是沒有外星寶貝，就稱不上科幻影集了。但誠如我們在前面所討論過的，外星生物存在的可能性非常渺茫，即便是屬於「M級星」的行星也一樣。要是把人類丟到星系裡某個隨機選取的行星上，這個人應該會在幾分鐘內就窒息而死、凍死，或融化成一灘血水，當然，也可能壓縮成一團肉泥。總之，外太空很大，外星人才沒那麼容易被你找到呢。

至於符合物理學原理的時光機（詳見第五章），大多數影集在這一點上都還算過得去，只不過它們幾乎都違反了兩大原則。第一，影集裡的人物不但可以回到過去，還可以回到時光機建造出來以前。第二，編劇們往往允許這些人物改變自己的過去。

我們很愛看科幻影集，但仍然無法將所有影集全部看盡，所以無法對每一部都做出評比，以下是我

們對幾部最熱門的科幻影集所作的評比：

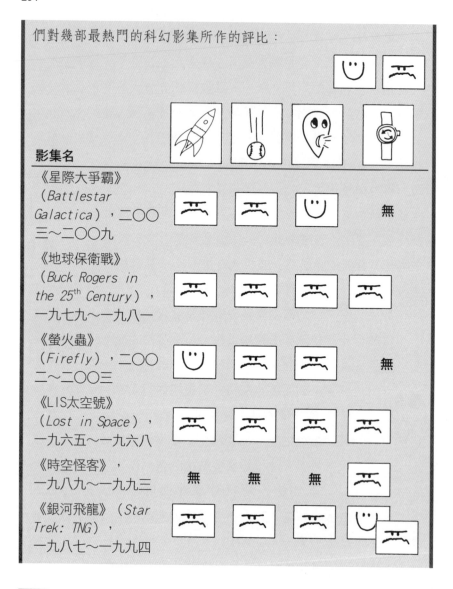

註解

1 遺憾的是，本書只有偶數編號的問題，才能在書末找到答案。

2 許多人以為，天文物理學界有許多辣妹，這一點要感謝許多電影對於天文物理學

家的形象塑造。

3 該計畫已經有好一段時間沒得到政府的贊助了，自一九九九年起，個別的電腦使用者幫忙處理該計畫從望遠鏡陣列（telescope array）所蒐集到的大量資訊。有興趣幫忙的朋友，請上「SETI@Home」網站搜尋相關資訊。

4 就像全美航空（US Airways）的經濟艙那樣。

5 第4182集：英勇的船員終於完成了他們從第1205集起開始玩的大富翁遊戲。

6 夾克裡你找過了沒？褲子呢？不，我是說另一條褲子！

7 畢竟，要是有一大群鞭毛蟲向我們揮手，恐怕也很難解讀牠們的手語。

8 無論你母親對你說你有多特別。

未來

「還有什麼是我們所不知的？」

科幻小說如果有任何參考意義，照理說，目前地球上應該隨處都看得到能搖身一變成為消防車、舉起雷射光劍、靠綠色浮游生物維生的人造人才對。但是，並沒有。再者，人類雖然已經發明出全球衛星定位系統，但我們到月球上殖民了嗎？並沒有。儘管如此，我們不能怪科幻小說家，畢竟預測未來本來就十分困難。百年前有誰料想得到，今天我們會在這裡探討宇宙是否可能擁有十度空間，我們的宇宙正在加速當中，而且主要是由暗能量和暗物質所組成的。

六件絕對不可能和六件極不可能的事（早餐前和早餐後）

有人說，只要抱持正確的態度，沒有什麼事情是不可能的。會說這種話的人，實在是大白癡。我們無意冒犯那些印製激勵口號的海報業者，但是要知道，**絕對不可能**和**看似不可能**，就好比**很大很大**跟**無限大**，兩者間看似只存在著一線之隔，其實卻有著天壤之別。例如，想要以光速百分之九十九點九九九九九的速度飛行，儘管困難到了極點，但理論上是有可能的。但是，若想以光速百分之一百點〇〇〇〇一的速度飛行（儘管這速度只比前面的速度每小時快大約一百三十英哩），不僅困難，也不僅僅是艱鉅的挑戰，而是根本不可能——是的，無論你怎樣向上蒼虔誠祈禱，也無論你怎麼努力地踩發電機，不可能就是不可能。相關的問題，這本書已經談了很多，我們在此列出，好方便各位在碰到偽科學論者想跟你辯論時可以查閱。

看似不可能（但其實有可能）

一、製造時光機。但是你確定你真的想這麼做嗎？

二、擴張速度「比光還快」的宇宙。

三、同時置身於兩個不同的地方。

四、有一個和你一模一樣的人存在於另一個平行宇宙裡。這件事不但可能，而且令人毛骨悚然。

五、電子的自旋方向必須掉頭兩次，看起來才會跟原來一模一樣。

六、瞬間傳輸。有可能，但根據目前的科技水準，一次只能傳輸一粒原子，所以效率極差。

絕對不可能

一、搭乘時光機回到過去殺死自己的祖父。但就算辦得到，你也不應該這麼做。

二、超越光速。但利用重力作弊倒不是沒有可能的事。

三、進入其他次元。這句話基本上沒有意義，我們已經置身於所有可能的次元裡了，包括微小的次元在內。

四、將一樣東西（包括任何東西在內）的能量降低至零。根據量子力學，原子總是喜歡跳來跳去。

五、從黑洞中逃脫。

六、百分之百準確地預測未來。

前面，我們花了很多時間描述物理學的現狀，但不時卻又沉寂下來，變得語帶猶豫、有所保留，難為情地進行臆測。但無知是一個很好的起點，而我們也指出了這些理論的侷限。若有適當的工具

，我們或許有辦法加以處理。現在，請各位繫好安全帶，接下來（也就是本書最後一章），我們要探討物理學上幾個最大的，並且希望預計可以在未來二十年內解答的大問題。

✳暗物質究竟是什麼？

我們的宇宙，似乎比它應該有的樣子還要奇怪。例如，我們發現宇宙充塞著一種神奇的暗能量，而其餘的質量，則多半是我們完全不認識的。那就是所謂的暗物質，這東西不會跟光產生交互作用（所以才形容它「暗」嘛），可是卻又是重力的來源之一（所以說是「物質」嘛）。換言之，暗物質這個名字，與其說真正提示了什麼，倒不如說指出了我們的無知。這樣的解釋，並不比你說「重力是仙女所引起的」還要更叫人滿意多少。

但，有部分科學家並不怎麼相信暗物質是真實存在的東西，畢竟，我們從來沒偵測到過暗物質粒子的存在。但天文物理學家已經盡力了，他們之所以提出暗物質的理論，是因為用它來解釋我們所觀察到的宇宙現象最為簡潔，儘管如此，這不代表他們就一定是對的。畢竟，在人類的歷史中，一套看似「理所當然」的詮釋，最後卻證明是錯的，已經發生過不只一次。如十六世紀以前，人類一直以為，外太空的其他行星和恆星是繞著地球運轉的，最後哥白尼卻證明事實上是地球在繞著太陽運行。

有些懷疑論者恨不得將暗物質的觀念除之而後快，而提出了更叫不可思議的論點，認為愛因斯坦跟牛頓都錯了。為了讓愛因斯坦的重力方程式符合所有觀察到的現象，有學者在提出新理論時不惜將該方程式加以扭曲，但怎麼樣就是不肯把暗物質給涵蓋進

去。例如，近幾年有一學說相當受矚目，叫「修正版的牛頓力學」
（Modified Newtonian Dynamics; MOND）。其基本前提是，在規模較
小的基礎上，例如我們的地球和太陽系，重力的運作跟牛頓和愛因
斯坦所預測的一模一樣，然而當規模更大時，例如星系或星系團，
重力的運作方式則會出現些微的差異。

我們不會因為廣義相對論是愛因斯坦的心血結晶就刻意要捍
衛它，畢竟，愛因斯坦在很多事情上的看法都錯了。我們的捍衛是
因為，廣義相對論實在是太「簡潔」了；簡潔二字，在物理學家
的行話中意味著，這些方程式看起來實在是太簡單了，因此很難想
像它們會是錯的。至於修正版的牛頓力學，我們認為它最大的問題
在於，它只不過是將一個我們尚且無法解釋的數字（暗物質的數
量），用另一個同樣無法解釋的數字（重力的運作，在什麼樣的規
模上會產生變化）來取代而已。

再者，要是排除掉了暗物質，宇宙中有很多現象就變得難加以
解釋了。不可否認，修正版的牛頓力學，漂亮地解決了一個存在了
一世紀之久的問題：宇宙中似乎沒有足夠的質量將星系和星系團全
部兜攏在一起。然而，既然該理論解決了這個問題，照理說，我們
就不再需要暗物質囉。

但如此一來，很多現象將很難得到合理的解釋。例如，天文學
家從子彈星系團跟其他星系團上所觀測到的重力透鏡現象顯示，宇
宙中，應該還存在著一大坨一大坨跟恆星或氣體都無關的物質。遙
遠外的超新星爆炸（為了探測宇宙的擴張速度是否隨著時間發生變
化）則暗示了，存在於宇宙中的物質，應該遠非重子物質而已，否
則很多現象將無法得到合理的解釋。最後，天文學上有許多證據指
出，我們的宇宙應該是平的，但除非宇宙中的物質有百分之八十五

都屬於暗物質，否則這一點也很難說得通。

　　因此，我們打賭，外太空裡一定存在了某種上面寫著「暗物質」三個字的粒子，而且，就像法文裡所說的，le fin du MOND——這個粒子將造成世界末日。

暗物質不是什麼？

　　讓我們姑且假設，暗物質是真實存在之物，只不過性情狡猾、難以捉摸。儘管我們還不知道它到底是什麼，卻相當清楚它**不是什麼**。譬如，它不帶任何電荷，要不然就會和光產生交互作用。不帶電，也意味著你無法感覺到它。各位，你這輩子碰觸過的每一樣東西，其上的電場都會被你手上的電場所排斥，所以你才會感覺到它們的存在。要是沒有電場，東西就會穿過你的身體。

　　在物理學的標準模型裡，只有兩種已知粒子有那麼點接近上面所述，就是中子和微中子。遺憾的是，微中子質量太輕，孤獨的中子則大約十分鐘就會衰變。我們的宇宙，年紀比這還要大得多，因此這兩種粒子應該不是我們要找的對象。這樣說來，關於暗物質，我們應該沒什麼適當的人選囉，但是沒關係，別忘了物理學家是非常狡猾的動物，因此就算已知的粒子當中沒有暗物質的適當人選，我們還是可以發明出一些來[2]。目前，物理學家提出的人選包括軸子（axion）、迷你黑洞、磁單極（magnetic monopole）、夸克團（quark nugget）等等。其中某些由於不符合我們觀察到的現象或實驗的結果，已經被判決出局，但還沒有任何粒子得到確認。

　　儘管如此，許多粒子物理學家相信，宇宙中的確存在了一種叫做WIMP的東西，數量相當龐大。所謂WIMP，指的不是臉上掛著鼻涕的膽小鬼，而是指：Weakly Interacting Massive Particle，中文翻譯

為「弱交互作用大質量粒子」。但這個名字跟暗物質一樣，只不過點出了我們的無知。暗物質，質量當然很大，而且由於不是透過強作用力或電磁力跟其他東西產生交互作用，所以自然應該是透過弱作用力囉[3]。

弱交互作用大質量粒子，由於描述貼切，說起來是個好名字，但另一方面，由於它根本沒有告訴我們任何東西，因此算是個爛名字。至於接下來的工作則要交給理論粒子物理學家，請他們預測弱交互作用大質量粒子究竟會是什麼。在此，所謂的「預測」並不只是聲稱它們存在而已。畢竟，一套夠格的理論應該要能夠告訴我們，弱交互作用大質量粒子，質量究竟有多大，會和哪些粒子產生交互作用，產生交互作用的頻率有多高，以及如何形成，何時會形成等等。

超對稱

在WIMP這場競賽中，領先群雄者，必須符合物理學的一項傳統，就是發明出跟其他粒子幾乎一模一樣的粒子來。例如中子就是個很典型的例子。一九二〇年以前，人類當時只曉得兩種基本粒子，也就是帶正電的質子和帶負電的電子。當時，科學家已經有辦法對原子核進行測量，結果發現，氫原子帶有一個正電荷，氦原子帶有兩個正電荷。根據化學常識，我們可以很「理所當然地」推論說，氫原子是一個質子所組成的，氦原子則擁有兩個質子，而且如果這個推論沒錯，照理說，氦原子的質量應該是氫原子的兩倍大。但事實證明，氦原子的質量是氫原子的四倍大。

受過多年物理學訓練的拉塞福注意到了一件事，四大於二。於是他預測，除了質子和電子外，應該還存在了一種電荷為中性、

質量與質子相當的粒子，這種粒子最後被命名為中子。如今看來，這好像很理所當然，但這在當時可是很大膽的預測。跟暗物質一樣，中子不會和光產生交互作用，因此無法直接被看到。在拉塞福提出有關中子的假設後，過了十二年，詹姆斯·查德威克（James Chadwick）才終於在實驗室裡發現到中子的存在，而且特質跟拉塞福的預測完全一致。

因此，每當有物理學家說：「如果有另外一種粒子跟這種粒子幾乎一模一樣，那我們就發了。這個粒子倘若真的存在，應該會是如此這副模樣，雖然我們因為某種因素看不到它。」先別急著潑他冷水，畢竟，已經有好幾位物理學家因為這樣的思維而成功發現到其他粒子的存在。而且，就像拉塞福準確預測到中子存在一樣，這樣的思維，有時候真的會引領人發現新的粒子，進而讓一切都更加簡化。

在第四章，透過一種叫人不舒服的方式，我們得知，物理學家愛死了對稱性。例如，標準模型裡總共有六種不同的夸克和六種不同的輕子，而這兩者又可以再分成兩類（每一類三種）。以輕子家族為例，除了三種不帶電的微中子外，還有帶電的電子、緲子和濤子。再者，相對於這每一種粒子，都有特性幾乎一模一樣，但電荷相反的反粒子存在。這所有的粒子，有許多不同的分類方式，但不管如何分類，各類別的總數通常是一樣的。但，對稱性就是在這裡崩解了。在標準模型裡，全部的粒子可以成分兩大類：

一、費米子（fermion），即組成物質的粒子，如夸克、電子、緲子、濤子和微中子，擁有極佳的對稱性

二、玻色子，即媒介子，負責傳遞各種不同的力，如光子、膠子、W粒子和Z粒子，以及希格斯子和重力子（後兩者還不確定存不

存在）。

把包括粒子和反粒子在內，各種粒子加一加，我們發現，玻色子的總數為二十八，費米子的總數則為九十，比前者多出許多。各位請不要被這些「基本」粒子的數目給嚇到了，要知道，不同的粒子之間，差別往往只在於小細節，如夸克的顏色。

儘管如此，玻色子和費米子總數不同，仍然令許多物理學家深感不安。一是物質的組成粒子（費米子），一是作用力的媒介粒子（玻色子），為什麼會差異這麼大呢？如果說這兩者是同一枚硬幣的正反兩面，照理說總數應該一樣才對。這個概念，物理學上叫做超對稱（supersymmetry）。超對稱如果真的成立，那麼便意味著，宇宙裡還存在著許多我們從未看到過的粒子，但由於這些粒子完全是出於假設，所以物理學家就為它們取了一些好玩有趣、古里古怪的名字，如重力微子（gravitino）、中性伴隨子（neutralino；這是暗物質粒子的另一人選）、W微子（wino；這是W粒子的超對稱伙伴；從命名的角度而言，這個名字是我們的最愛）等。

這些粒子的特性，與其相對存在的一般粒子，**幾乎**一模一樣。如果超對稱是完美對稱，那麼W微子[4]的質量應該等同於W粒子，超電子（selectron[5]）的質量也等同於電子。然而，果真如此，它們應該早就透過粒子加速器製造出來。因此即使是超對稱也有所缺陷，意思是說，一般粒子的超對稱伙伴，質量會比一般粒子高出許多。

一如中子，這些超對稱粒子也會衰變。由於大質量粒子會衰變成質量較輕的粒子，因此在今天的宇宙中，今日還存在的超對稱粒子或許是其中最輕的，因為已無法再衰變下去。這在物理學上一般稱做「最輕的超對稱粒子」（lightest supersymmetric particle; LSP）。

　　許多學者認為，這東西應該就是中性伴隨子；如果它真的存在，或許就是我們一直在尋尋覓覓的暗物質粒子。

　　但為了避免失職，我們必須指出一個重要的事實：直到今天為止，科學家尚未觀察到任何證據顯示超對稱的確存在。這是個超愈標準模型的物理概念，也就是說，理論上，我們並不需要這個概念來描述目前所知的粒子物理學。儘管如此，過去的經驗告訴我們，對稱的概念有助於我們認識物理現象，未來，這個概念或許也有助於我們更進一步了解宇宙也說不定。

暗物質上哪兒找？

　　暗物質，是最輕超對稱粒子所組成的嗎？又或者是別的東西

所組成的？只要暗物質是由某種弱交互作用大質量粒子（以下簡稱WIMP）所組成的，那麼要找到它應該相對簡單，所以我們才敢這麼有把握地說，暗物質應該可以在未來的幾十年內被偵測到。現在，先讓我們快速檢視一下已知的事實。我們大概曉得，宇宙中暗物質的質量密度有多少，因此，這個宇宙要不是存在著大量輕的WIMP，要不就是存在著相對較少、但質量很重的WIMP。此外，我們知道，WIMP不可能太輕，至少不可能比質子輕，畢竟，我們已經擁有多部有能力創造出輕粒子的粒子加速器，卻尚未在加速器裡發現蹤跡。

但WIMP又不能太重，以免違反我們觀察到的宇宙現象。前面提到過一個很重要的事實：在早期的宇宙中，WIMP應該能轉變成我們今天所看到的一般物質，而這些一般物質應該也能轉變成WIMP，如此一來，能產生交互作用的暗物質和一般物質有多少，我們應該能夠求出一個下限，並據此估算出暗物質粒子質量的上限：暗物質粒子的質量，最多應該不會超過質子的四萬倍——這比大多數理論所預估的還要高出許多，許多學者認為，WIMP的質量最多不會超過質子的一千倍。

由此可見，這個工作的主要任務在於，估算出暗物質粒子的質量，以及該粒子可能會參與什麼樣的交互作用，再看看這些數字是否符合超對稱、弦理論或其他物理學說。至於把暗物質粒子送進實驗室裡進行實驗，則應該非常困難，因為它應該會從我們的指縫間流走。儘管如此，要對暗物質進行測量還是有幾個可行的辦法。

我們自己製造：第四章花了很多時間討論，大質量粒子（如希格斯子）要如何從粒子加速器裡製造出來。既然如此，暗物質粒子難道不能依樣畫葫蘆？當然可以，雖然，跟中性的希格斯子一樣，暗物質粒子就算製造出來，也無法放在桌上展示，但這個概念並非

不可行。只要用足夠的能量讓粒子對撞，遲早WIMP一定能製造出來。儘管它無法被我們看到，但我們還是有辦法測量它的質量。怎麼測呢？粒子在對撞後損失的能量，就相當於WIMP的質量。

你已經浸泡在其中了：前面已經說過好幾次了[6]，我們其實已經浸泡在暗物質當中了，只不過，除非透過重力（對個別的粒子而言，重力的影響通常可以忽略）或弱作用力（弱作用力的影響一般也可以忽略），我們沒辦法直接偵測到它的存在。另外還有一個辦法，就是使用在一般狀況下不會發生任何變化的液體。相關研究計畫裡最知名的氙100計畫（Xenon100 project），就用了大約三百磅的液態氙。計畫中選用氙，是因為氙元素通常不會與其他物質產生交互作用，而且不會產生放射性衰變。將這些液體和偵測器埋在很深的地底下，再仔細檢測是否有宇宙射線穿越其中，一般來說，這裡頭應該不會出現什麼無法解釋的訊號才對。

埋設好這些液體、儲水槽和偵測器後，科學家接下來只能等待，看看是否有暗物質粒子從中飛過。如果有，該粒子應該會撞上某顆質子，令質子放射出輻射線來，這樣就能間接偵測到暗物質粒子的存在了。不過截至目前為止，我們還沒有這樣的發現，但，新一代的偵測器，靈敏度應該會更高才是。

讓宇宙為你效勞：說到WIMP，有一點不要忘了，就是它數量很多，而且不斷在太空裡四處穿梭。儘管名為「弱交互作用」，但還是會進行交互作用。試問，當一顆WIMP和一顆反WIMP對撞時，會發生什麼事？一般來說，除了穿越過彼此，什麼事情都不會發生，但偶爾，它們也會做出跟粒子和反粒子自宇宙誕生以來一直在做的事，就是彼此互相抵消，並放射出伽瑪射線。我們若將望遠鏡指向對的方向，或許就可以看到這些粒子在對撞後所放射出的光芒。

但什麼叫對的方向呢？理論上，往質量大的方向尋找就對了，例如星系的中心，就是最顯而易見之處，問題是，星系的中央，還有很多活動在發生著（例如有東西掉進中央的黑洞裡），但這些活動也會製造出伽瑪射線來。要如何從這許多雜音裡分離出我們真正要的訊號，是非常非常困難的一件事，因此到目前為止，並沒有實際偵測到任何可靠的訊號。

二〇〇八年，在美國能源部、法國、德國、義大利、日本、瑞典等國的共同協助下，美國太空總署終於將「費米伽瑪射線太空望遠鏡」（Fermi Gamma Ray Observatory）發射升空。有了這部望遠鏡的幫忙，我們對於星系的中心、星系團、可能存在的黑洞，及其他暗物質喜歡逗留的地方，或許就能進行更進一步的探測。

看來，不管你喜不喜歡，質子快要沒有地方可以躲藏了。

✵質子的壽命有多長？

本書的兩位作者喜歡自認為是業餘的心理學家。我們假設，一般人之所以會被物理學吸引，動機不外乎期待或恐懼：期待或恐懼了解劇變、了解黑洞、了解時間的終結。或許，你也是那種在意外事故發生時會放慢腳步去圍觀？

我們不會質疑各位的動機，畢竟，無論健不健康，我們也擁有相同的動機。前面，我們花了不少時間探討黑洞的消失（在許久以後），以及所謂熱力學第二定律，即隨著時間的推進，這個宇宙終將毀壞成一灘混亂失序、完全不適合生命生存的死水。甚至，我們還提到了，這個宇宙由於暗能量的關係，可能正以等比級數的速度永無止盡地擴張下去，直到每一個星系都變成一座孤島，與宇宙其

他地方毫無瓜葛為止。未來，宇宙應該不會變得比這幅景象還要荒涼吧？

　　但只要有物理學家在，情況都可能變得更糟。要是我們告訴你，我們懷疑，隨著時間的推進，物質本身，最後可能會慢慢蒸發，最後消失不見呢？

物質的滅絕

　　我們知道，這是個令人傷感的主題，所以要先提醒你，這件事並不是明天就會發生。當我們談到星系、黑洞和物質的蒸發滅絕時，我們談的不是幾百萬、幾千萬、幾億或幾十億年的時間單位，而是比宇宙現在的年齡還要長個十兆億倍的時間單位。因此，相較於其他可能發生的倒楣事，你應該不需要太過擔心物質滅絕這件事。

　　當我們問物質是否會衰變，其實是在問**質子**會不會衰變？我們知道，有一半的機率，中子會衰變成質子和其他物質，但這只不過是因為中子比質子還重。在所有的重子中，質子是最輕的，所以應該可以維持一段時間。

　　至於能維持多久？關於這個問題，標準模型給了我們一個簡單明瞭、毫不含糊的答案：永遠。因為，重子的總數照理說會維持恆定，所以質子不會衰變。因為質子是最輕的重子，無法衰變成其他東西。

　　但各位要是有從這本書裡學到什麼的話，那應該曉得，標準模型並不能解答一切。某種反應既然有可能發生，相反的反應自然也有可能發生。換句話說，早在大霹靂發生期間，**一定**有一段時間，重子可以無中生有地被創造出來。這個問題，第七章就談過：重子

和反重子的創生，若數量始終相等，那應該會彼此抵消才對。然而，到了某個時間點，不曉得為什麼，重子的數量就是超過了反重子；關於這一點，各位就是活生生的明證！

至於這件事發生的時間點，大概是大霹靂發生後10^{-32}秒，也就是宇宙暴脹快要結束之際，換言之，這件事或許跟電弱作用力及強作用力的結合有關。既然，重子在當時沒有維持守恆，那麼現在呢？今天的重子在某種程度上也沒有維持守恆也說不定。

因此，假設各位發展出了自己的大一統理論，那我們最想問你的就是：在你的大一統理論中，一粒質子平均能活多久？各位知道嗎，幾乎每一種版本的大一統理論都假定，質子最後會衰變成一顆正電子和另外一種叫派子的粒子。至於質子的壽命能維持多久，則是相關學說的主要差異所在。這其實是一件好事，因為它意味著，只要推算出質子的壽命，我們就能為大一統理論的正確與否，或哪些應該被判決出局，訂出判別標準。

尋找質子衰變

質子到底可以活多久？部分早期的大一統理論估計，大概可以活10^{31}年。這是個極長極長的時間單位，比宇宙現有的年齡還要長很多，因此你也許不免猜想，這個數字可能是提出相關理論的物理學家隨便訂出來的吧，反正到了那個時候，地球上的人全死光了，到手的諾貝爾獎就不會被取消了。

所幸，關於這個問題，我們能做的不只是把質子放在桌上等它衰變。一九八〇年代，學者們意識到，要找出這個問題的解答，最好的辦法是在地底下建造幾個裝滿超純淨水的巨大蓄水池，再看看裡頭會不會有任何質子產生衰變。若產生衰變，衰變後的帶電粒

子會在蓄水池裡四處流動，並發出輻射線，而被蓄水池外的偵測器給偵測到。由於這裡頭質子數量很多，因此我們應該可以合理地假設，只要等得夠久，最後應該可以等到質子產生衰變。

第三章，我們在討論宇宙亂數產生器時，就談到過類似問題了。假設質子的壽命真的是10^{31}年，那麼每一年，宇宙亂數產生器就會為池子裡的每一粒質子擲骰子決定它的命運。然而，這粒骰子總共有10^{31}面；若擲出來的結果是1，相對應的質子就必須衰變。問題是，科學家進行相關實驗（如位在日本飛驒市〔Hida〕附近神岡礦山下的超級神岡探測器）已經超過二十五年了，卻還沒發現到任何一粒質子產生衰變。

這意味著，我們大大低估了宇宙亂數產生器所使用的那粒骰子的總面數，我們只好把數字不斷往上加，直到**看不見**質子衰變是合理的結果為止。早期的某些大一統理論就因此被判決出局。如今我們知道，質子的壽命起碼有10^{34}年。

這一方面意味著我們不會在不久的將來自動燃燒，衰變成高能粒子，所以算是是好消息，但又意味著部分的大一統理論將因此被徹底判決出局，所以似乎是壞消息。如今，科學家所推測出的質子最低壽命是愈來愈長，符合條件的大一統理論也愈來愈少，儘管如此，其中仍有不少是合格的。既然我們的推測愈來愈準確，是否代表我們很快就能真正計算出這個數字來？當然，到頭來我們或許得重新建立大一統理論。

✸微中子的質量究竟多大？

　　在談到暗物質的可能人選時，我們提到了一個可能性，卻又馬上把它判決出局，那就是微中子。原因是：「微中子太輕了。」但要是你問我微中子到底有多輕，我們可能會變得侷促不安，視線落在腳邊不敢看別的地方。因為，我們不知道微中子到底多輕；有很長一段時間，我們甚至以為它完全沒有質量。但事實證明，微中子是擁有質量的，而且最初的幾個線索，幾乎是在誤打誤撞的情況下得來的。

大自然的微中子製造工廠

　　微中子是淘氣的小惡魔。由於只能透過弱作用力產生交互作用，所以我們無法把它放到磅秤上去量，此外由於其電荷為中性，所以也無法透過電磁場來加以操弄。儘管如此，微中子可以在核子反應爐裡製造出來，而大自然的核子反應爐也就是恆星，所製造出來的微中子數量非常龐大。

　　讓我們告訴各位一個故事。在大約十六萬年前，一團距離我們「不遠」、名叫大麥哲倫星雲（Large Magellanic Cloud）的星系發生了超新星爆炸。光線從那裡來到地球，需要花一點時間，結果我們一直到一九八七年才在天空中看到這團星雲爆炸——這，是人類史上最壯觀的天文景觀之一。除了輻射以外，這次的超新星爆炸也釋放出大量的微中子，由於數量龐大，不少微中子也都來到地球。幸運的是，剛好當時人類已經架設了幾部微中子偵測器，幾乎就在我們看到超新星爆炸放射出光芒的同時，同時也偵測到了微中子的數量出現激增。換言之，這些微中子不但來到地球，而且移動速度極

快；就算沒達到光速的程度，想必也相當接近。這個細節，再一次
證明了就算微中子不是零質量，想必也非常地輕——即使就次原子
粒子的標準來看也一樣。

什麼？就在人類架設起微中子偵測器之後沒多久，超新星1987A
（Supernova 1987A）就爆炸了，這聽起來未免太走運了。當然，這
其實跟運氣無關，怎麼說呢？聽我們對某些微中子偵測器的描述之
後，你應該就知道為什麼了。這些偵測器埋設在地底下，是裡頭裝
滿了超純淨水的超巨大蓄水池。聽起來很耳熟嗎？沒有錯，許多原
本用來偵測質子衰變的實驗，後來卻在機緣巧合下肩負起雙重任務
[7]，成了微中子偵測器。

可是，超新星何時會爆炸，不是我們所能預測的，因此如果
想守株待兔，等到下一次超新星爆炸，再從中捕捉微中子，似乎不
是什麼高明的策略。所幸，大自然的微中子製造工廠，並不是只有
超新星爆炸。我們的太陽，在進行熱核反應的過程中，除了製造光
子，也會製造出數量差不多的微中子。只不過，由於光子比較容易
被注意到，我們才往往忽略了微中子的存在。

其實，科學家進行微中子探測已有一段時間。一九六〇年代，
不少科學家對於這個研究題目都很感興趣，想要從太陽光裡捕捉
到微中子的存在。於是，布魯克海文國家實驗室的雷蒙‧戴維斯
（Raymond Davis）和當時任職於加州理工學院的約翰‧巴赫恰勒
（John Bahcall）率領一群研究團隊在地底下建造了一個巨大的蓄
水池（是的，你猜對了），名叫霍姆斯特克探測器（Homestake
Observatory），位於南達科塔州一個廢棄的金礦場裡；基本上，它不
過是一個裝滿了十萬加侖清潔劑[8]的蓄水池罷了。只要有微中子跑進
去，撞上某顆氯原子，氯就會變成氬，氬再產生衰變，放射出輻射

線來。很簡單的實驗設計對嗎？

　　沒錯，只不過，該探測器最後得出來的結果跟科學家預期的不一樣。關於微中子的數量，巴赫恰勒的預測值比實際值高出了兩、三倍。至於後來的實驗，用的雖然是純水而不是清潔劑，得出來的結果也差不多。

　　看來，有人把其中大部分的微中子都**偷走**了！是誰偷的呢？

可惡的「微中子」神偷

微中子世界裡的身分竊取

　　談到這裡，各位如果有動手翻閱我們在第四章所列舉的「基本粒子惡形惡狀展覽館」，或許會發現我們有一件事情一直沒有交代

清楚，那就是，微中子基本上有三種：電子微中子、緲子微中子、濤子微中子，但我們並沒有真正地去加以區分。在核融合反應裡，由於電子會參與其中，因此可能從中誕生出電子微中子。早期的微中子探測器，只能夠偵測到電子微中子，另外兩種微中子則探測不到。或許，另外這兩種「隱形」的微中子，是透過魔法或其他什麼神奇的方式，從電子微中子變身而來的？

物理學美妙[9]的一個地方就在於，將幾個看似風馬牛不相及的概念相結合，就能針對某個我們完全無法解釋的現象給出合理的交代。因此，各位不妨思考一下下面三個看似不相干的概念。

一、我們一般以為相同的粒子，在某些情況下，可能會展現出完全不同的特性，反之亦然。我們一般以為不同的粒子，在某些情況下，可能會展現出完全相同的特性來。例如，只有強作用力時，質子和中子所展現出來的特性就一模一樣。當差異夠大時，我們稱其為不同的粒子，當差異很小時（比方說電子是向上還是向下自旋），我們就稱其為相同的粒子，但其實只是在不同的狀態。

二、許多粒子並不是處於特定的狀態，而是結合了兩種或兩種以上不同的狀態。我們在第三章已經看到，用特定的方式操弄，能夠讓電子的自旋方向變得完全隨機。換言之，這樣的電子同時結合了向上自旋和向下自旋的狀態，當我們在觀察該電子時，兩種狀態都有一定的可能性會被偵測到。在量子力學中，粒子在同一時間做出（看似）完全矛盾的行為的例子實在太多，族繁不及備載。

三、粒子的特性跟波很像。這一點，我們在第二章就說過了，但我們當時忽略了一個小細節，這個細節在接下來的討論中或許能

派上用場，那就是，當一道波在兩種不同的狀態間來回振盪，
狀態與狀態間的能量差異愈大，這道波在兩種狀態間振盪的速
度就愈快。

結合上面三種觀念，我們會得出一個很叫人訝異的結論來：三
種不同的微中子，原來是可以互變的。

根據實驗結果，我們知道，微中子總共有三種不同的類型：一
種會和電子產生交互作用，一種會和緲子產生交互作用，一種會和
濤子產生交互作用。既然可以把電子想像成是不同粒子（即向上自
旋的電子和向下自旋的電子）的結合，則微中子也可以如此看待。
假設有三種不同的微中子，我們再根據質量大小設為一、二、三
型。

第一型微中子，主要由電子微中子所組成，另外還包含若干緲
子微中子和一點點濤子微中子。至於第二型和第三型微中子，也是
這三種成分所組成的，但組成比例不同。這三種應為不同的粒子，
還是同一種粒子的三種不同狀態，其實並不不重要，重要的是，我
們每次觀察這些微中子的結果都不盡相同。這個現象在物理學上叫
做「微中子振盪」，因為微中子會在電子微中子、緲子微中子和濤
子微中子三種不同的身分之間振盪轉換。

接下來，美妙的部份來了：除非微中子擁有質量，而且在不
同狀態下擁有不同的質量，否則微中子振盪便不可能發生。為什麼
呢？因為要是質量相同，不同狀態間在能量上就沒有差距（再一次
地，我們又運用到 $E=mc^2$ 這個方程式），則微中子就不可能發生振
盪轉換，而我們也就不會觀察到這個現象。這個概念本身已經超出
量子力學的範疇。

測量微中子的質量

要得知微中子是否發生振盪（即是否擁有質量），理論上應該相當容易，但實際上，由於測量時一切都必須很乾淨，因此很難辦到。

一、用宇宙射線不斷轟炸大氣層。很幸運的，地球上已經有這樣的大氣層存在。當宇宙射線射向空氣分子時，會製造出緲子反微中子和電子反微中子。

二、將裝有超純淨水的大儲水槽跟偵測器置於很深的地底下。由於我們已經在等待質子衰變，因此我們正巧有幾個這樣的裝置。

三、計算緲子反微中子和電子反微中子的數量，再看看是否正確。

如果微中子確實具有質量，那麼在微中子從大氣層抵達偵測器的途中，許多緲子反微中子應該會轉變成電子反微中子，如此一來，微中子偵測器所偵測到的緲子反微中子數量，就會比原本預期的還要少。

一九九八年，實驗結果告捷，超級神岡微中子偵測器首先偵測到明確的訊號，顯示微中子振盪現象的確存在，微中子也因此的確具備質量。後來的幾個實驗，不但證實了上述結果，也對微中子的質量定出了更嚴格的上下限。

不過，各位也許猜到了，這裡頭存在了幾個問題。第一個問題是，這些實驗所測量的，並不單單只是微中子的質量，而是三種不同微中子的組成比例，例如第一型微中子裡存在了多少緲子微中子。但標準模型並沒有告訴我們，這些微中子的組成比例為何；或許，我們應該慶幸微中子的組成如此複雜，否則可能根本不會發現到這個現象存在。

第二個問題是，我們並不是很確定為何微中子擁有質量。在原始的標準模型裡，微中子是沒有質量的，而近幾年，許多粒子物理學教科書也假設微中子是零質量的。目前，根據學者的推估，不管是哪一種微中子，其質量**上限**都要比電子（第二輕的基本粒子）還要小約一百萬倍。既然擁有質量，為什麼質量這麼小？老實說我們不知道，但我們也沒有理由認為應該具有何種質量才正確。

第三個問題是，這些實驗並沒有直接測量微中子的質量。由於數學運算，我們只測量了不同微中子之間在質量上的平方差。要是能測量出其中某種微中子的質量，再計算出另外兩種微中子的質

量，就顯得輕而易舉了。

　　未來二十年，物理學家在這方面的目標之一就是要推算出各種微中子質量的實際值，但是要做到這一點，其中任何一種微中子的質量一定要預先直接測量出來。在德國，目前已經有一項名為KATRIN的實驗計劃正在進行，為的就是要直接測量出電子微中子的質量。

　　測量質量的實驗方法相當簡單。首先要有個裝滿了氚（tritium）的大桶子。氚是一種相當罕見的、氫的同位素，擁有一粒質子和兩顆中子，由於性質相當不穩定，一段時間後就會衰變成氦三同位素。在衰變的過程中，氚會把一粒電子跟一粒電子微中子踢出家門；電子測量起來相當容易，但電子微中子的存在與否跟能量多寡，就只能推估。由於我們知道這樣的衰變事件會釋放出多少總能量，因此只要測量出該電子所具備的能量，剩下的應該就是電子微中子所具備的能量。在觀察過許許多多類似的衰變事件後，我們應該能計算出電子微中子所具備能量的最小值，再根據 $E = mc^2$ 推算出其質量。在KATRIN和後續的類似實驗裡，我們發現，電子微中子的質量，應該比電子質量的百分之〇・〇四還要小。

　　根據時程表，KATRIN計劃到了二〇一一年應該就大功告成，因此我們猜測，關於微中子的質量，我們應該可以更早而不是更晚找出答案。

✿ 有哪些問題不是我們很快能知道答案的？

　　長久以來，物理學家老愛宣稱（這幾乎成為傳統了），物理學

恐怕再不久就要畫上句點。尤其在十九、二十世紀之交，這句話差點一語成讖；當時，馬克士威成功結合了電、磁力，而牛頓的萬有引力學說也似乎能解釋一切。當然，等到量子力學和相對論相繼問世後，情況又大大改觀，至此，要將所有的物理定律結合成一套簡潔又完整的宇宙觀，更是益加困難。物理學家在二十世紀初的這些發現，如今仍令我們感到目眩神迷，而量子世界裡的謎團也尚未解開。

人們很容易沾沾自喜於現有的成就而鬆懈。例如，粒子物理學上的標準模型，雖然能充分解釋每一種粒子和每一種交互作用，卻需要四套力學定律和二十種左右的自由參數（free parameter）才能辦到。而宇宙學上的標準模型，儘管能充分描述宇宙的歷史，甚至對宇宙「結合」前的黑暗時代有一套合理的交代，但在種種看似成功的表面下，卻隱藏了不少陷阱。譬如，我們可以將數字代入相關方程式裡進行運算，卻不曉得這些數字究竟怎麼來的。再者，我們依舊無法提出一套能夠令人信服的理論，能將重力與其他三種力相結合，儘管我們對各種力都可以給出很充分的描述。此外，在很多例子裡，我們甚至不曉得相關參數有哪些。

物理學上還有一些問題，是我們想要更進一步了解，但學界尚未達成共識或不太有希望達成共識的。例如：

弦理論究竟是對是錯，還是無法下定論？

各位，看看你的四方上下，前後左右，這個宇宙除了這三度空間，難道還有其他空間存在？當然，宇宙中是否有其他空間存在這個問題，就跟牙仙子或籃壇傳奇人物 J 博士的學位一樣，面臨了同樣叫人頭痛的問題：看不到的東西不代表不存在。

　本書討論至此，已經在好幾個地方引用過弦理論。聽起來，弦理論好像是萬靈丹，能解決物理學上所有的疑難雜症。弦理論假設，所有的粒子本質上都一樣，是一條小小的弦。因此，弦理論似乎有希望成為大一統理論（Theory of Everything, TOE，如果這套理論正確的話），可將廣義相對論、弱作用力、強作用力和電磁力結合成一套單獨的理論。此外，我們期待，關於暗物質和暗能量（也就是這個宇宙之所以以等比級數的速度快速擴張的原因），某些版本的弦理論或許能自然而然地推演出一套有說服力的解釋來。

　但這是要付出代價的。根據最新的弦理論，這個宇宙總共有十度空間，再加上一個時間的向度。想了解這些額外的空間可能會是什麼樣子嗎？那麼請各位想像一下，一個特技表演者正在鋼索上來回走動。在一般人看來，可能會覺得這位走鋼索者只能往前走或往後走，沒有其他選擇[10]，連現場的觀眾也看不出這條鋼索有任何厚度，而誤以為鋼索的厚度為零（想必這些觀眾智商很低），也就是說，以為它是個一度空間的結構。

　可是，任何一隻走在鋼索上的螞蟻，都不會有這種幻覺。螞蟻除了往前走、往後走，還可以**繞著**鋼索走——這便相當於弦理論裡的隱藏次元之一。根據弦理論，宇宙中的某些次元——或許高達七個，是非常非常壓縮的。由於我們是生活在一片三度空間的膜上，所以儘管這片膜會在更高次元的宇宙裡飄浮，但我們可能不會注意到這些壓縮空間的存在。

　量子力學是這場遊戲裡的要角，因此這些小小的空間或許也發揮了很重要的功能。假設我們拿一條弦，將其中某個小小的空間給**團團包裹**住，會發生什麼事？我們在第二章已經看到，將粒子放在很小的盒子或很小的空間裡，粒子就會產生多餘的能量。而這多餘

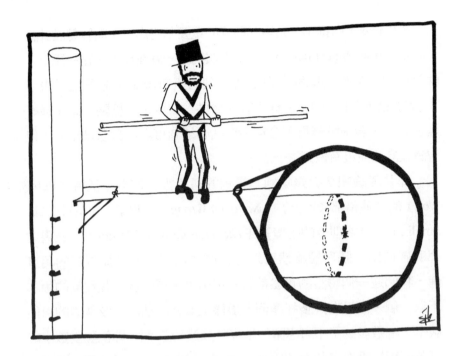

的能量，通常會令粒子跳躍個不停。問題是，由於空間太小，它根本無法跳躍。於是我們只好將那偉大的方程式 $E=mc^2$ 倒過來運算，也就是，多餘的能量會變成粒子的質量。

　　問題是，這裡所說的能量，比大型強子對撞機所能製造出來的能量還要強10^{16}倍。換言之，可以預見在未來很長一段時間，人類應該無法透過任何實驗去驗證弦理論。

　　說到底，科學上的任何理論或學說，真實性都將永遠無法獲得證實。至於世人認可為「真理」的學說，只不過是尚未遭到否證。一套好的科學理論，有一個最重要的標記，就是理論提倡者能夠針對該理論是否可能錯誤，提出一項甚至多項檢驗方式。這個概念，叫做可否證性（falsifiability），由科學哲學家卡爾·波普

（Karl Popper）所提出，是現代科學的重要基礎之一。而智慧設計論（theory of intelligent design）的重大瑕疵之一就在於此。在科學上，就算你提出的理論能解釋目前觀察到的所有現象，並不足以表示「你的理論是正確的」，你應該要提供一套或多套檢驗方式（最好是多套），若檢驗結果不合格，你就必須老實坦承自己是錯的，但智慧設計論並沒有做到這一點。

那弦理論呢？近幾年兩本暢銷的科普書，彼得・沃特（Peter Woit）的《連錯都談不上》（*Not Even Wrong*），和李・史莫林（Lee Smolin）的《物理學的困境》（*The Trouble with Physics*），在書中都明確指出，弦理論雖然可以符合標準模型，但是從實際的角度講，我們連一個驗證的實驗都設計不出來，更何況，弦理論的版本不只一個，而是有好多好多個。根據史莫林的估計，弦理論的可能版本，總數多到了不可思議的地步，高達 10^{500} 個。即使熱愛數字的《芝麻街》吸血鬼伯爵（Count von Count）看到，恐怕都得考慮改行。

既然可能的版本這麼多，看來，各種物理定律無論如何重新排列組合，我們都有辦法透過某種程度的修改，使弦理論符合這些定律。然而，這跟我們希望見到的結果恰恰相反。一套理想的物理學說應該只要用一套基本定律就能描述我們知道的所有物理定律，而不需要這裡加點什麼，那裡刪點什麼。

因此，弦理論到底是什麼，要如何加以驗證，至今並沒有明確的答案。誠如史莫林所說：「關於這套理論所作出的任何預測，我們目前根本設計不出任何可行的實驗來明確證實或反駁。」我們打賭，在未來很長一段時間，人類應該找不出任何明確的辦法來檢驗宇宙的總次元數，因此，就算我們居住的這個宇宙實際上不只三個

次元，你也應該假裝它只有三度空間。

暗能量又是什麼？

根據我們觀察到的現象，宇宙中似乎存在了一股看不見但永遠存在的暗能量，令這個宇宙以等比級數的規模快速擴張。至於暗能量究竟為何，標準模型甚至提供了可能的選擇，它擁有暗能量所具備的全部特質。這個選擇？就是真空能量。但前面說過，這個假設有一個很大的問題，就是理論所推算出來的數字，比實際上觀察到的數值高出了大約10^{100}倍。暗能量如果為零，事情就好辦了，因為這是個很「自然」的數字。但10^{100}倍的差距，卻不是我們的腦袋所能輕易理解的。而這正是種種弦理論或量子重力學說所面臨的最大難題之一，如果想要符合我們所觀察到的暗能量密度，這些理論都必須經過驗證。而我們認為，一套大一統理論TOE是否正確，一個很好的初步測試就是，看看它預測出來的暗能量密度是否符合實際值。

那所有的自由參數呢？

由於致力於描述物理現象背後的一般性原則，本書走筆至此一直沒有清楚交代在物理學說中的一些數字，而是我們自己用手代入的。這些數字原本應為各種物理常數的簡單總和，因此在不清楚實際數值時，我們自然會預期所有粒子的質量應該都相當於普朗克質量或完全不具質量。但事實並非如此，因此我們可能想問，電子的質量為何遠低於普朗克質量？微中子的質量又為何遠低於電子？此外，我們不曉得電子為何擁有它目前擁有的電荷，而強作用力又為何擁有它目前擁有的強度。

　　除了這些規模龐大的天文數字外，標準模型裡有好幾十個參數，弦理論裡頭就更多了。例如，前面提到過，不同類型的微中子之間可能會互相轉換，一個參數就可以告訴我們，這其間變換的機率各是多少。至於這些數字怎麼來的，沒有人知道。光是標準模型，加一加就有起碼二十個參數。至於這些參數究竟是什麼？老實說，什麼都有可能。

　　我們希望，在終極的TOE大一統理論中，所有的參數最後都可以得到界定。但可能嗎？上一章我們談到宇宙在誕生之初需要具備什麼條件才可能創造出智慧生物來。不同的宇宙中，相關的參數或許不盡相同，如此一來，我們就永遠沒辦法為這些基本參數的既有值挖掘出「更深刻」的意義。這實在很難令人滿意，我們也希望事

實究竟不是如此。

但，誰知道呢？我們也可能是錯的。

當然，我們列出的這張清單一點兒都不完備，不過物理學美妙的地方之一就在於，不管你到目前為止解答了多少問題，永遠有新的問題在等著你。不過，解答的問題愈多，你對下一個問題的了解可能就愈深刻。就像美國經典兒童影集《小頑童》（*Our Gang*）裡所描述的，我們是透過籬笆洞去認識更大的世界，以管窺天地去拼湊出宇宙的整副樣貌。

註解

1 也就是兩公升的健怡可樂，六、七名神經質的研究生，和一拖拉庫的研究贊助。

2 但各位別以為，提出新粒子，只要在沾有咖啡漬的杯墊上畫個小圈圈，就大功告成，沒這麼簡單。要做到這件事，理論物理學家必須花上好幾年的時間探討對稱性，提出需要用造價好幾十億元的粒子加速器才能進行的實驗計劃，最後才有辦法在濕答答的雞尾酒餐巾紙上把新的粒子畫出來。

3 老實說，這裡的講法有點過度簡化。暗物質的人選裡，有一些並不是弱交互作用大質量粒子，如軸子、磁單極、黑洞等。但我們願意把賭注押在弱交互作用大質量粒子或類似的物質上。

4 告訴各位一聲，W微子本身並不是暗物質的人選。問題是，羅斯汀已經喝得爛醉如泥了，他懂什麼？

5 前面多出來的s，代表的是super：超。

6 為什麼你就是不信呢？

7 又或者其實是單一任務，畢竟，質子的衰變還尚未被偵測到。

8 科學家原本想用percholoroethylene（四氯乙烯）的，但是在不得已的情況下，用tetracholoroethylene（四氯乙烯）也沒關係，反正，它同樣捕捉得到微中子，而且，兩者的差異來訪的賓客是不可能分辨出來的。

9 注意，我們說的是，物理學很美妙，而不是物理學家很美妙，畢竟，後者正確與否是比較難驗證的。

10現在，我們先把「往下走」的選項排除在外。我們假設這位走鋼索者技術非常高超。

國家圖書館出版品預行編目資料

宇宙使用手冊：如何在黑洞、時間悖論和量子不確
定性中求生 / 戴維‧郭德堡(Dave Goldberg), ；傑
夫‧布朗奇(Jeff Blomquist)作；許晉福譯. --
初版. -- 新北市：世茂, 2013.04
　　面；　公分. --（科學視界 ; 155）
　　譯自：A user's guide to the universe: surviving the
perils of black holes, time paradoxes, and quantum
uncertainty
　　ISBN 978-986-6097-85-0（平裝）

1. 物理學

330　　　　　　　　　　　　　　　102002228

科學視界 155

宇宙使用手冊：如何在黑洞、時間悖論和量子不確定性中求生

作　　　者／戴維‧郭德堡、傑夫‧布朗奇
譯　　　者／許晉福
主　　　編／簡玉芬
責任編輯／陳文君
封面設計／鄧宜琨
出 版 者／世茂出版有限公司
負 責 人／簡泰雄
地　　　址／（231）新北市新店區民生路 19 號 5 樓
電　　　話／（02）2218-3277
傳　　　真／（02）2218-3239（訂書專線）
　　　　　　（02）2218-7539
劃撥帳號／19911841
戶　　　名／世茂出版有限公司　單次郵購總金額未滿 500 元（含），請加 50 元掛號費
排版製版／辰皓國際出版製作有限公司
印　　　刷／長紅彩色印刷公司
初版一刷／2013 年 4 月
　　二刷／2014 年 5 月

ＩＳＢＮ／978-986-6097-85-0
定　　　價／340 元

請沿虛線向下裝訂寄回，射射！

讀者回函卡

感謝您購買本書，為了提供您更好的服務，歡迎填妥以下資料並寄回，
我們將定期寄給您最新書訊、優惠通知及活動消息。當然您也可以E-mail：
Service@coolbooks.com.tw，提供我們寶貴的建議。

您的資料（請以正楷填寫清楚）

購買書名：＿＿＿＿＿＿＿＿＿＿＿＿＿＿＿＿＿＿＿＿＿＿＿

姓名：＿＿＿＿＿＿＿　生日：＿＿＿年 ＿＿＿月 ＿＿＿日

性別：□男 □女　E-mail：＿＿＿＿＿＿＿＿＿＿＿＿＿

住址：□□□＿＿＿＿縣市＿＿＿＿鄉鎮市區＿＿＿＿路街
＿＿＿＿段＿＿＿巷＿＿＿弄＿＿＿號＿＿＿樓

聯絡電話：＿＿＿＿＿＿＿＿＿＿＿＿＿

職業：□傳播 □資訊 □商 □工 □軍公教 □學生 □其他：＿＿＿

學歷：□碩士以上 □大學 □專科 □高中 □國中以下

購買地點：□書店 □網路書店 □便利商店 □量販店 □其他：＿＿＿

購買此書原因：＿＿ ＿＿ ＿＿ ＿＿ ＿＿（請按優先順序填寫）
1封面設計　2價格　3內容　4親友介紹　5廣告宣傳　6其他：＿＿＿

本書評價：＿＿ 封面設計 1非常滿意 2滿意 3普通 4應改進
＿＿ 內　容 1非常滿意 2滿意 3普通 4應改進
＿＿ 編　輯 1非常滿意 2滿意 3普通 4應改進
＿＿ 校　對 1非常滿意 2滿意 3普通 4應改進
＿＿ 定　價 1非常滿意 2滿意 3普通 4應改進

給我們的建議：＿＿＿＿＿＿＿＿＿＿＿＿＿＿＿＿＿＿＿＿
＿＿＿＿＿＿＿＿＿＿＿＿＿＿＿＿＿＿＿＿＿＿＿＿＿＿＿＿
＿＿＿＿＿＿＿＿＿＿＿＿＿＿＿＿＿＿＿＿＿＿＿＿＿＿＿＿

電話：(02) 22183277
傳真：(02) 22187539

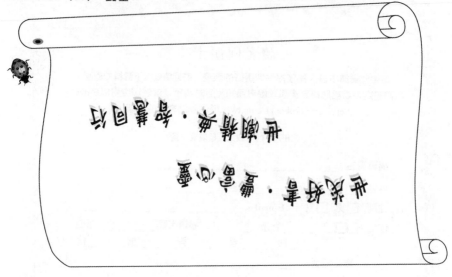

非常謝謝，我們收到了
你誠懇的建議，會用心去做。

廣告回函
北區郵政管理局登記證
北台字第9702號
免貼郵票

231新北市新店區民生路19號5樓

世茂
世潮 出版有限公司 收
智富